"101"核心实践教材
计算机领域

U0360542

人工智能实验教程

编著：焦李成 田小林 侯彪 李阳阳 马文萍 孙其功

清华大学出版社

北京

内 容 简 介

人工智能技术的发展日新月异,已经成为能够深刻影响各个行业的赋能体。人工智能专业教育体系也在逐步完善。作为国内人工智能领域的创新性实验教材,本书以夯实理论基础、重视实践、培育创新能力为主线,旨在促进理论教学和实验内容的并行互补,内容涵盖图像、视频、语音和文本等人工智能技术广泛应用的多个领域,涉及分类、识别、检测、多模态和3D重建等多类实验任务。本书具有实验内容先进性与新颖性并举的特点,内容丰富翔实,每个实验各有侧重,从实验的背景信息、模型构建的原理,到实验操作的流程步骤均深入浅出地进行了详尽的描述,读者可以独立完成相关实验,提升独立解决实际问题的科研能力。

本书可用作高等院校人工智能、智能科学与技术、计算机科学与技术、大数据科学与技术、智能机器人、控制科学与工程、电子科学与技术、信息与通信工程、网络工程、物联网技术等专业本科生和研究生的实验教材,也可供相关专业科研人员、技术人员和人工智能爱好者参考。

图书在版编目(CIP)数据

人工智能实验教程 / 焦李成等编著. -- 北京: 清
华大学出版社,2024. 10. -- ISBN 978-7-302-67393-4

Ⅰ. TP18-33

中国国家版本馆 CIP 数据核字第 202449EP53 号

责任编辑:王 芳 李 晔
封面设计:刘 键
责任校对:韩天竹
责任印制:刘 菲

出版发行:	清华大学出版社		
网 址:	https://www.tup.com.cn, https://www.wqxuetang.com		
地 址:	北京清华大学学研大厦 A 座	邮 编:	100084
社 总 机:	010-83470000	邮 购:	010-62786544
投稿与读者服务:	010-62776969, c-service@tup.tsinghua.edu.cn		
质量反馈:	010-62772015, zhiliang@tup.tsinghua.edu.cn		
课件下载:	https://www.tup.com.cn,010-83470236		

印 装 者:	三河市龙大印装有限公司		
经 销:	全国新华书店		
开 本:	185mm×260mm 印 张:13.75	字 数:	335 千字
版 次:	2024 年 10 月第 1 版	印 次:	2024 年 10 月第 1 次印刷
印 数:	1~1500		
定 价:	59.00 元		

产品编号:100558-01

前 言
PREFACE

随着人工智能技术的蓬勃发展，其应用技术已在金融、医疗、安防、交通、零售、教育、智能制造等领域得到了广泛运用。同时，人工智能教育体系也在逐步建立和完善。然而，我们在专业教学实践中发现，虽然理论教学课程在不断迭代更新，但实验课程作为教育体系的重要一环却未获得足够重视，特别是系统性实验教材和实验教学经验还比较匮乏。我们通过总结本团队十余年的人工智能实验教学经验编写了本书，希望能对人工智能专业实验课程体系建设起到抛砖引玉的作用。本书以现代工业和日常生活中常见的应用案例作为实验素材，对每个实验案例都从理论到实践进行了详细的阐述，旨在引导读者独立和快速地完成实验，以加深对理论的理解并增强实践能力。

深度学习是机器学习的一个重要分支领域，其核心架构源于人们对神经元以及神经网络的研究，是一种包含多个隐藏层的神经网络，也是从数据中学习特征表示的一种新方法。本书重点介绍各类深度学习框架和算法，涵盖图像、视频、语音和文本等人工智能技术广泛应用的多个领域，涉及分类、识别、检测、多模态和 3D 重建等多类实验任务。各实验分别介绍了相关背景、所涉及的深度网络模型框架和实验操作，实验操作部分描述了实验代码、操作步骤、数据集、评估准则、所应用的平台及系统环境等内容，有助于读者在了解基础理论的基础上根据实验操作的描述独立完成相关实验。期待读者通过对本书的学习和具体实践，更加深刻地理解各类深度学习算法模型，提升解决实际工程问题的创新能力。

本书的主要特点如下：

（1）理论与创新相结合。本书反映了当前人工智能研究的主要内容和相关热点问题，突出夯实理论基础、重视实践、培育创新能力三位一体的紧密结合，使读者通过具体的实验深化理解理论知识，从具体实践中感受相关内容的现实意义和作用，激发科研探索精神，强化解决复杂问题的综合能力，提升利用理论知识发现问题、分析问题、解决问题的知识创新和实践创新能力。

（2）取材兼具新颖性和趣味性。本书所选取的实验既是人工智能技术发展中的具有新颖性的前沿热点问题，也是与我们日常生活密切相关的实际问题，如呼吸/心率检测、视线跟踪、图像超分辨等；还有一些具有趣味性的实验，如表情识别、图像修复、智能对联、文本生成图像等；另外，包括涉及工业领域的实际复杂应用，如智慧城市、安防领域中应用较多的视频分类、目标检测等。

（3）实验内容与理论教学相融合。本书将人工智能新的科研成果转化为实验内容，践行科研成果驱动式的实验教学探索，所选取的实验涵盖了深度神经网络理论教学的基本内容，通过这些实验，读者可加深理解和巩固基本概念和理论，熟悉和掌握深度神经网络的经典模型构建、模型的优化和训练等，促进前沿知识的渗透，实现理论教学和实验内容的并行互补和有机融合。

（4）文风妙趣横生，内容丰富翔实。本书的实验描述使用了活泼生动的描述方式，一方面有利于读者对内容的理解，另一方面拉近作者与读者的距离，希望给读者以现场交流互动的感觉。同时，本书的每个实验各有侧重，从实验的背景信息、模型构建的原理，到实验操作的流程步骤均深入浅出地进行了详尽的描述，通过对实验过程的完整描述，读者可以独立完成相关实验，希望提升读者的独立解决实际问题的科研能力。

（5）从无到有辟蹊径。目前国内外同类实验教材较少，本书更具人工智能人才培养实验教材及教学的特色，又对人工智能实验课程教材建设及体系建设进行了开拓和探索。本书通过一系列实验挖掘和演绎人工智能的魅力，帮助读者开阔视野，提升素养，为人工智能的进一步研究实践夯实基础。

（6）研发相关实验系统与平台。针对本书的实验内容，团队研发了相应的人工智能实训平台，为读者提供了实验环境和教学资料，读者通过该平台可以进行完整的实验操作。

本书的实验内容在安排上无先后之分，每一章为一个独立实验，每个实验描述了相关背景、算法模型的原理和实验操作流程步骤，读者可根据自己的兴趣阅读和实践感兴趣的章节。本书使用范围和场景广泛，可以作为人工智能、智能科学与技术、人工智能与信息处理、机器人工程、模式识别与智能系统、人工智能技术服务、大数据采集与管理等专业的专科、本科及研究生选用及参考的实验教材，也可以作为补充学习的工具书籍；读者可以是有一定专业知识储备的科研人员或从业者，也可以是人工智能的兴趣爱好者及初识人工智能的学生。

全书内容及实验体系由焦李成、田小林、侯彪、李阳阳、马文萍、孙其功等策划、设计和统稿。在各章节的撰写过程中，张力、高原、黄小萃、杨婷、杨逸歌、贾楠、李佳昌等研究生整理了论文资料和程序代码，并进行实验操作和流程的梳理，感谢他们的帮助和辛勤劳动。在此特别感谢张小华、朱虎明、吴建设、缑水平、张丹、刘旭等老师的帮助和支持。

人工智能技术发展日新月异且涉及领域广泛，编者水平有限，本书中难免有不足之处，恳请各位专家及广大读者批评指正。

编　者

2024 年 6 月

实验项目文件相关二维码

序号	项目文件名称	二维码	序号	项目文件名称	二维码
1	实验 1 环境配置		15	实验 4 项目文件	
2	实验 1 项目文件		16	PURE 数据集	
3	Kinetics400 数据集官方视频列表集合		17	实验 5 项目文件	
4	Kinetics400 数据集官方脚本与相应的下载流程		18	UBFC-RPPG 数据集	
5	实验 1 数据预处理		19	实验 6 项目文件	
6	实验 1 数据预处理项目		20	MPIIGaze 数据集	
7	SlowFast 网络的预训练模型		21	UnityEyes 3D	
8	SlowFast 模型直接下载预训练		22	眼部掩膜生成代码	
9	ava.json 文件		23	MPIIGaze 数据集处理	
10	实验 2 项目文件		24	实时可视化的视线估计演示程序	
11	MS COCO 数据集		25	基于 PyQt5 的 UI 代码	
12	实验 3 项目文件		26	实验 7 项目文件	
13	RAF-DB 数据集		27	FLAME 官方网站	
14	ResNet50 的预训练模型参数		28	FLAME_albedo_from_BFM.npz	

续表

序号	项目文件名称	二维码	序号	项目文件名称	二维码
29	pytorch3d 下载		43	合成数据集 part3	
30	VGGFace2 数据集		44	合成数据集 part4	
31	VoxCeleb2 数据集		45	合成数据集模型文件	
32	FAN 算法		46	真实数据集原始图像及模型	
33	face_segmentation 算法		47	实验 10 项目文件	
34	人脸识别训练模型		48	ADE20K 数据集	
35	训练好的人脸识别模型		49	vgg19_conv.pth	
36	实验 8 项目文件		50	预训练 VGG 模型	
37	KITTI 数据集		51	实验 10 训练范例	
38	实验 9 项目文件		52	实验 10 预训练模型 1	
39	手部姿态估计		53	实验 10 预训练模型 2	
40	手部姿态数据		54	实验 11 项目文件	
41	合成数据集 part1		55	COCO 数据集	
42	合成数据集 part2		56	COCO 数据集注释文件	

续表

序号	项目文件名称	二维码	序号	项目文件名称	二维码
57	COCO 检测特征文件		71	DIV2K 训练集	
58	实验 11 预训练模型		72	DIV2K 测试集	
59	实验 12 项目文件		73	图 15.1 来源	
60	CUB 数据集		74	实验 15 项目文件	
61	实验 12 预处理文件		75	Places2 数据集	
62	实验 12 预训练文本编码器模型		76	CelebFaces 属性数据集	
63	DF-GAN 预训练模型		77	不规则掩膜数据集	
64	图 13.1(a)		78	实验 16 项目文件	
65	图 13.1(b)		79	对对联样本数据集	
66	图 13.1(c)		80	实验 17 项目文件	
67	实验 13 项目文件		81	THCHS-30 数据集	
68	UTKFace 数据集		82	实验 18 项目文件	
69	实验 14 KAIR 库中的 SwinIR 训练测试代码		83	Citeseer 数据集	
70	KAIR 库的 SwinIR 训练测试代码说明文档		84	UAI2010 数据集	

续表

序号	项目文件名称	二维码	序号	项目文件名称	二维码
85	ACM 数据集		87	Flickr 数据集	
86	BlogCatalog 数据集		88	CoraFull 数据集	

目 录
CONTENTS

视 频 分 类

当我们在网络平台上浏览资讯时,总是会通过某些关键词搜索感兴趣的话题。在短视频数量呈爆炸式增长的今天,我们仍能通过一些短语精确地检索到想看的视频。为什么平台能够如此准确地推送目标视频呢? 面对如此庞大的短视频群体,平台又是如何管理它们的呢? 以上问题均涉及一项常见的计算机视觉技术——视频分类。

视频分类技术通过客观分析视频中的主体、环境以及二者的演变轨迹将视频归属为预定义的类别。利用视频分类技术,海量的短视频被分门别类,当用户想看搞笑视频时,平台就推送带有搞笑标签的视频,当用户想看动物的搞笑视频时,平台就推送带有动物和搞笑这两种标签的视频。视频分类技术不仅能够实现视频数据管理,还能提升视频检索等其他任务的运行效率。

通过视频分类技术,我们不仅可以知道视频的抽象属性,比如搞笑、科技和艺术等,还能了解视频的具体内容,比如跳舞、洗碗和骑自行车等。接下来,让我们一起学习视频分类技术,尝试解读视频内容吧。

1.1 背景介绍

近年来,网络和移动通信设备的进步促使视频数据急剧增加,各类视频为人类的日常生活提供了丰富的娱乐信息。微博、抖音和 YouTube 等视频平台的用户数量不断激增,越来越多的人以短视频的形式记录生活,面对海量的视频内容,如何将其有效地进行分类组织、筛选和管理是十分具有挑战性的。

视频分类技术是计算机视觉领域的一个重要分支,其主要是根据视频内容进行分类,包括根据视频中目标物体的属性、物体的运动轨迹以及背景演化等信息将视频归为预定义的类,从而达到视频分类的组织和管理的目的。视频理解中最重要的任务之一就是理解人的行为,包括行为识别、动作定位以及行为预测等。其中,视频行为识别的主要目的是对视频内人物的动作进行分析,进而将其归类为指定标签集合中的一类或者多类。虽然视频分类只是一个分类问题,但是视频包含的信息量较大,所涉及的基础技术也较多,包括图像处理、时序处理和音频处理等多个领域。视频分类技术能够辅助视频组织管理、视频检索以及视频推荐等下游任务在实际业务中的应用。

传统的视频分类研究专注于采用对局部时空区域的运动信息和表观进行信息编码来描

述视频内容,在对视频进行编码时会使用词袋模型(Bag of Words,BoW)[1]等方式生成可以表征视频特性的编码,最后根据这些视频编码(特征)训练传统机器学习模型或深度神经网络来对视频进行分类。在生成视频编码的过程中,通常采用 Fisher 向量[2]和词袋模型等方法对运动边界直方图(Motion Boundary Histogram,MBH)[3]、具有运动特征的方向梯度直方图(Histogram of Oriented Gradients,HOG)[4]和光流直方图(Histogram of Optical Flow,HOF)[5]等特征对视频进行有效编码。

在视频行为识别任务中,尽管基于手工特征的分类算法获得了较好的识别精度,但是计算量大的缺点使其无法应用于大规模的实时分类任务中,因此,手工特征逐渐被神经网络特征代替。基于深度学习的视频分类算法主要可分为 3 类:第一种是通过双流网络分别提取空间信息和时序信息,将两者融合后再进行分类;第二种是通过 3D 卷积来同时获取视频的空间和时序信息,然后端到端地输出视频预测类别;第三种是先利用 2D 卷积网络提取视频帧的空间信息,再用长短时记忆网络(Long Short-Term Memory,LSTM)[6]等循环神经网络提取时序信息。基于深度学习的算法主要包括双流法[7]、LSTM 模型[8]、C3D[9]和 I3D[10]等神经网络,对输入的 RGB 图像帧序列进行建模,分析视频中人物的行为特征并进行分类。

本实验围绕一个经典的基于深度学习方法的视频分类模型展开,该模型通过模仿灵长类动物视觉系统,巧妙地设计了一个具有快-慢帧率的双分支网络,能够实现较高精度的视频分类。

1.2　算法原理

本实验基于 2019 年 CVPR 上由 Facebook AI 研究团队发表的一篇名为 *SlowFast Networks for Video Recognition* 的论文开展,文中提出了一种 SlowFast 模型,该模型利用不同帧率下的双分支 3D 卷积操作提取并融合视频片段的时空信息,以实现较高准确率的视频分类。

在对图像 $I(x,y)$ 的处理中,通常对称地处理 x 和 y 两个空间维度。但对于视频信号 $I(x,y,t)$ 来说,运动是方向的时空对应,但所有时空方向可能并不相同,物体的运动状态在 t 维度中时常变化,因此始终对称地处理 x、y 和 t 维度并不合适。事实上,人们看到的大部分场景在某一时刻通常是处于静止状态的,而且慢速运动比快速运动出现得更频繁。在视频信号中,动作信息的变化较为快速,而语义信息的变化总是缓慢的,例如,当一个人跳舞、挥手和走路时,虽然动作姿势在切换,但是"人"这一主体身份一直保持不变。因此,该论文提出了一个用于视频分类的双分支 SlowFast 模型。

该模型的其中一条分支用来获取由图像或少数稀疏帧所提供的语义信息,这个分支在低帧率的情况下进行操作,该分支被称为 Slow 路径;另一分支负责捕捉快速变化的运动信息,该分支在高帧率和高时间分辨率的情况下进行计算,这个分支被称为 Fast 路径。尽管 Fast 路径的时间分辨率很高,但这一分支的结构较为轻量,该分支具有较少的通道和较弱的空间信息处理能力,而这种空间信息可以由 Slow 分支以较少冗余的方式进行补充。

SlowFast 网络具有以两种不同帧速率运行的两个单流架构,其包含 Slow 路径与 Fast 路径两个分支,二者通过横向连接进行特征融合。SlowFast 网络模型的结构如图 1.1 所示。

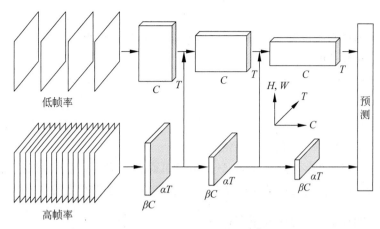

图 1.1　SlowFast 网络模型的结构

1.2.1　Slow 路径

Slow 路径可以是任何卷积模型,其在某些视频帧上提取时空信息。Slow 路径中的关键概念是在时间维度上具有大步长 τ,即它只处理 τ 帧中的一帧。通常 τ 的典型值为 16,对于 30fps 的视频,刷新速度大约为 2fps。将 Slow 路径采样的帧数表示为 T,则原始视频的长度为 $T \times \tau$ 帧。

1.2.2　Fast 路径

Fast 路径与 Slow 路径并行,是另一类具有以下特点的卷积模型。

(1) 高帧率。Fast 路径的目标是在时间维度上提取精细的时空特征,其以 τ/α 的小时间步长工作,其中,$\alpha > 1$,α 是 Fast 路径和 Slow 路径之间的帧率比值。这两条路径基于同一原始视频计算,因此 Fast 路径对 αT 帧图像进行采样,其密度是 Slow 路径的 α 倍,通常 α 的典型值为 8,α 是 Slow Fast 路径概念定义的关键,由 α 调整两条路径的帧率差异。

(2) 高时间分辨率。Fast 路径不仅具有高时间分辨率输入,而且在整个网络层次结构中都保持高时间分辨率的特性。整个 Fast 路径中不使用时间下采样层(既不使用时间池化,也不使用时间跨步卷积),因此,该分支中的特征张量在时间维度上总是有 αT 帧,以尽可能地保持时间保真度。

(3) 通道容量低。Fast 路径本质上也是一个卷积网络,但是其通道数要远小于 Slow 路径,通过调整图 1.1 中的 β 值($\beta < 1$),可以控制 Slow Fast 路径的通道数以及计算复杂度的比例,通常 β 的典型值为 1/8。

1.2.3　横向连接

由于 Slow 路径和 Fast 路径所提取的时空信息的侧重点不同,故利用横向连接操作融合二者的语义与运动信息。如图 1.1 所示,在每个阶段的两个路径之间附加横向连接操作,这两个分支的特征具有不同的维度,因此需要预先进行特征映射以匹配维度。

假设 Slow 路径的特征维度表示为 $\{T, S^2, C\}$,Fast 路径的特征维度表示为 $\{\alpha T, S^2, \beta C\}$,其中 T 表示时间长度,S 表示特征图的高和宽,C 表示通道数,该论文在横向连接中进行了以下维度匹配：

（1）时间换通道将维度为$\{\alpha T, S^2, \beta C\}$的 Fast 路径特征重组成$\{T, S^2, \alpha\beta C\}$维度，即将 α 帧的特征拼接至同一帧的通道中。

（2）时间采样，每隔 α 帧图像的特征采样 1 帧图像的特征，从而得到维度为$\{T, S^2, \beta C\}$的 Fast 路径特征。

（3）时空卷积，利用卷积核大小为 5×1^2，步长为 α，输出通道数为 $2\beta C$ 的 3D 卷积操作，得到维度为$\{\alpha T, S^2, 2\beta C\}$的 Fast 路径特征。

使用将 Fast 路径的特征融入 Slow 路径中的单向连接方法，然后对每条路径的输出进行全局平均池化，最后将池化后的两个特征向量拼接，输入至全连接层中进行分类。

1.2.4 SlowFast 的实例化

SlowFast 模型结构的具体细节如表 1.1 所示。其中，$T \times S^2$ 表示特征维度，T 表示时间长度，S 表示特征图的高和宽。

（1）Slow 路径：表 1.1 中的 Slow 路径由具有时间步长的 3D ResNet 卷积神经网络构成，以 $\tau = 16$ 的时间步长从总帧数为 64 帧的原始视频中采样获取 4 帧原始图像，构成 Slow 路径的输入。

（2）Fast 路径：表 1.1 中的 Fast 路径由具有时间步长的 3D ResNet 卷积神经网络构成，其中，$\alpha = 8$，$\beta = 1/8\beta$。Fast 路径具有更高的时间分辨率和更低的通道容量。

表 1.1 SlowFast 模型结构细节

阶段	Slow 路径	Fast 路径	输出尺寸 $T \times S^2$
原始切片	—	—	64×224^2
数据层	stride $16, 1^2$	stride $2, 1^2$	Slow：4×224^2 Fast：32×224^2
conv1	$1 \times 7^2, 64$ stride $1, 2^2$	$5 \times 7^2, 8$ stride $1, 2^2$	Slow：4×112^2 Fast：32×112^2
pool1	1×3^2, max stride $1, 2^2$	1×3^2, max stride $1, 2^2$	Slow：4×56^2 Fast：32×56^2
res2	$\begin{bmatrix} 1 \times 1^2 & 64 \\ 1 \times 3^2 & 64 \\ 1 \times 1^2 & 256 \end{bmatrix} \times 3$	$\begin{bmatrix} 3 \times 1^2 & 8 \\ 1 \times 3^2 & 8 \\ 1 \times 1^2 & 32 \end{bmatrix} \times 3$	Slow：4×56^2 Fast：32×56^2
res3	$\begin{bmatrix} 1 \times 1^2 & 128 \\ 1 \times 3^2 & 128 \\ 1 \times 1^2 & 512 \end{bmatrix} \times 4$	$\begin{bmatrix} 3 \times 1^2 & 16 \\ 1 \times 3^2 & 16 \\ 1 \times 1^2 & 64 \end{bmatrix} \times 4$	Slow：4×28^2 Fast：32×28^2
res4	$\begin{bmatrix} 3 \times 1^2 & 256 \\ 1 \times 3^2 & 256 \\ 1 \times 1^2 & 1024 \end{bmatrix} \times 6$	$\begin{bmatrix} 3 \times 1^2 & 32 \\ 1 \times 3^2 & 32 \\ 1 \times 1^2 & 128 \end{bmatrix} \times 6$	Slow：4×14^2 Fast：32×28^2
res5	$\begin{bmatrix} 3 \times 1^2 & 512 \\ 1 \times 3^2 & 512 \\ 1 \times 1^2 & 2048 \end{bmatrix} \times 3$	$\begin{bmatrix} 3 \times 1^2 & 64 \\ 1 \times 3^2 & 64 \\ 1 \times 1^2 & 256 \end{bmatrix} \times 3$	Slow：4×7^2 Fast：32×7^2
全局平均池化，concate，fc			# classes

1.3　实验操作

1.3.1　实验环境

本实验所需要的环境配置如表 1.2 所示。

表 1.2　实验环境配置

条　　件	环　　境
操作系统	Ubuntu 16.04
开发语言	Python 3.8 及以上版本
深度学习框架	Pytorch 1.3 及以上版本
相关库	Numpy
	fvcore
	simplejson
	GCC 4.9
	PyAV
	ffmpeg
	PyYaml
	tqdm
	iopath
	psutil
	OpenCV
	torchvision
	tensorboard
	moviepy
	PyTorchVideo
	Detectron2
	FairScale

　　实验的项目文件下载地址可扫描书中提供的二维码获得，下载完毕并解压之后可得到名为 SlowFast-main 的实验项目文件夹，将该文件夹重命名为 SlowFast，然后将该项目路径添加至环境变量，并建立依赖环境：

```
export PYTHONPATH = /上级目录/SlowFast/slowfast: $ PYTHONPATH
cd /上级目录/SlowFast
python setup.py build develop
```

至此，环境配置工作结束。其中，SlowFast 中文件目录结构如下：

```
├──SlowFast
├──ava_evaluation----------------------------------------目标检测的工具库
├──configs
│    ├──AVA-----------------------------基于 AVA 数据集的视频分类算法 yaml 文件库
│    ├──Kinetics---------------------基于 Kinetics 数据集的视频分类算法 yaml 文件库
├──demo
│    ├──AVA----------------------------- 基于 AVA 数据集的视频分类算法 yaml 文件示例
│    ├──Kinetics--------------------- 基于 Kinetics 数据集的视频分类算法 yaml 文件示例
```

```
├─projects ─────────────────────────────────其他视频分类算法的运行说明文件库
├─slowfast
│      ├─config ──────────────────────────────────────默认配置文件库
│      ├─datasets ──────────────────────────────── 数据预处理工具库
│      ├─models ─────────────────────────────────模型构建文件库
│      ├─utils ────────────────────────────────────────工具库
│      └─visualization ──────────────────────────────可视化工具库
└─tools───────────────────────────────────────模型训练与预测文件库
```

1.3.2 数据集介绍

本实验所用的数据集为 Kinetics400 数据集[11]，数据集的官方视频列表集合的下载地址可扫描书中提供的二维码获得。

可根据列表中的 youtube_id 人工下载对应的原始视频，也可参照官方脚本流程自动下载该数据集，还可发送邮件至官方邮箱 xiaolonw@cs.cmu.edu 以申请获取该数据集的副本，但是由于某些视频链接已失效，故通过此途径所获得的数据集副本大约会有 5% 的训练视频丢失。

Kinetics400 数据集是 Google 发布的大规模、高质量的人体行为数据集，其数据来源为YouTube 视频，主要记录人类的各种行为，涉及 400 个动作类别，每个视频均由人工标注。对于每个类别，训练集包含 250～1000 个样本，验证集包含 50 个样本，测试集包含 100 个样本。上述视频样本均经过剪辑，每段视频持续 10 秒左右，这 400 个类别中包括单人行为（画画、跳舞和拍手等）、多人行为（拥抱、握手和亲吻等）、人与物交互行为（打开礼物、洗碗和修剪草坪等）。该数据集中的样本涵盖了日常生活中的大部分人物动作，丰富的类型和充足的样本数量使其成为行为识别领域最常用的数据集之一。Kinetics400 数据集中的部分视频图像如图 1.2 所示。

1.3.3 实验操作与结果

1. 模型训练

1）数据集预处理

数据预处理的具体细节可扫描书中提供的二维码获得下载链接，以下仅对关键步骤进行说明。若获取数据集的方式是通过官方脚本自动下载，同时假设该数据集保存在名为YOUR_DATASET _FOLDER 的文件夹中，还需下载相关数据预处理项目进行数据预处理。

（1）进入该项目中的数据预处理文件目录：

```
cd process_data/kinetics
```

（2）运行 gen_py_list.py 脚本，分别为训练集和验证集生成 txt 列表，即 trainlist.txt 文件以及 vallist.txt 文件，该脚本还将修改数据集中某些文件夹的名称（例如，"petting cat"->"petting_cat"）。

（3）运行 downscale_video_joblib.py 脚本，分别将训练集和验证集中的视频图像尺寸重新调整为 256×256px。此步骤不是必需的，但它可加速训练过程。

（4）接下来创建用于训练和测试的 lmdb，执行视频解码并在训练期间动态提取视频帧。

(a) 骑自行车

(b) 编头发

(c) 吹小号

图 1.2 Kinetics400 数据集中的部分视频图像示例

① 由于 lmdb 在训练过程中不支持随机打乱,因此需要随机打乱训练列表 100 次(对应 100 个 epoch 的训练样本列表),并将打乱后的训练列表内容全部保存在.txt 文件中。为实现打乱训练样本列表,需运行下述指令:

```
python shuffle_list_rep.py trainlist_shuffle_rep.txt
```

② 根据列表创建 lmdb。需要注意的是,lmdb 仅存储文件名而不是视频内容本身。在训练期间,验证误差是在随机裁剪的示例上测算的。lmdb 中的每个示例都包含两个元素:视频名称和视频的类别标签。运行下述命令以创建 lmdb:

```
mkdir ../../data/lmdb
mkdir ../../data/lmdb/kinetics_lmdb_multicrop
python create_video_lmdb.py -- dataset_dir ../../data/lmdb/kinetics_lmdb_multicrop/train
-- list_file trainlist_shuffle_rep.txt
python create_video_lmdb.py -- dataset_dir ../../data/lmdb/kinetics_lmdb_multicrop/val
-- list_file vallist.txt
```

③ 测试集的 lmdb 与验证集的 lmdb 具有不同的格式,测试集的 lmdb 不需要翻转操

作,其每个样本均包含 4 个元素:视频名称、视频索引、起始帧索引和裁剪空间位置索引。
运行下述命令以创建测试集的 lmdb:

```
python create_video_lmdb_test_multicrop.py -- dataset_dir ../../data/lmdb/kinetics_lmdb_
multicrop/test  -- list_file vallist.txt
```

2) 训练

将数据集预处理完毕后,可运行以下命令进行模型训练:

```
python tools/run_net.py \
  -- cfg configs/Kinetics/SLOWFAST_8x8_R50.yaml \
 DATA.PATH_TO_DATA_DIR path_to_your_dataset \
 NUM_GPUS 1 \
 TRAIN.BATCH_SIZE 16 \
```

2. 模型测试

SlowFast 网络的预训练模型的下载页面可扫描书中提供的二维码获得。该页面集成
了众多视频分类网络的预训练模型的下载链接,可根据需要下载不同条件下训练得到的
SlowFast 网络的预训练模型。本实验以基于 AVA 数据集预训练的 SlowFast 模型为例来
进行模型推理,该模型在下载页面中的位置如图 1.3 所示,也可扫描书中提供的二维码获得
链接直接下载,并将该预训练模型保存至/SlowFast/demo/AVA/目录下。

AVA

architecture	size	Pretrain Model	frame length x sample rate	MAP	AVA version	model
Slow	R50	Kinetics 400	4 x 16	19.5	2.2	link
SlowFast	R101	Kinetics 600	8 x 8	28.2	2.1	link
SlowFast	R101	Kinetics 600	8 x 8	29.1	2.2	link
SlowFast	R101	Kinetics 600	16 x 8	29.4	2.2	link

图 1.3 本实验用于训练模型的下载页面示意图

(1) 下载 ava.json 文件(可扫描书中提供的二维码获得链接进行下载),并将其保存在
/SlowFast/demo/AVA/目录下。

(2) 在/SlowFast/目录下分别新建 Vinput 文件夹和 Voutput 文件夹,并将需要进行推
理的原始视频放在/SlowFast/Vinput/目录下。

(3) 打开/SlowFast/demo/AVA/目录下的 SLOWFAST_32x2_R101_50_50.yaml 文
件,并根据以下描述修改其内容:

将第 8 行中的 CHECKPOINT_FILE_PATH:./SLOWFAST_32x2_R101_50_50.pkl
修改为

```
CHECKPOINT_FILE_PATH:'/上级目录/SlowFast/demo/AVA/SLOWFAST_32x2_R101_50_50.pkl'
```

并将第 70~78 行中的

```
TENSORBOARD:
  MODEL_VIS:
    TOPK: 2
DEMO:
```

```
ENABLE: True
LABEL_FILE_PATH:    # Add local label file path here.
WEBCAM: 0
DETECTRON2_CFG: "COCO-Detection/faster_rcnn_R_50_FPN_3x.yaml"
DETECTRON2_WEIGHTS: detectron2://COCO-Detection/faster_rcnn_R_50_FPN_3x/137849458/
model_final_280758.pkl
```

修改为

```
# TENSORBOARD:
#   MODEL_VIS:
#     TOPK: 2
DEMO:
  ENABLE: True
  LABEL_FILE_PATH: "/上级目录/SlowFast/demo/AVA/ava.json"
  INPUT_VIDEO: "/上级目录/SlowFast/Vinput/视频命名.mp4"
  OUTPUT_FILE: "/上级目录/SlowFast/Voutput/视频命名.mp4"
  # WEBCAM: 0
  DETECTRON2_CFG: "COCO-Detection/faster_rcnn_R_50_FPN_3x.yaml"
  DETECTRON2_WEIGHTS: detectron2://COCO-Detection/faster_rcnn_R_50_FPN_3x/137849458/
model_final_280758.pkl
```

最后，调整目录并执行推理命令：

```
cd /上级目录/SlowFast/
python tools/run_net.py --cfg demo/AVA/SLOWFAST_32x2_R101_50_50.yaml
```

3. 实验结果展示

其中一个示例性的实验结果如图1.4所示。

图1.4 视频分类结果图

1.4 总结与展望

在本实验中，使用SlowFast算法可通过简单的快-慢帧率双分支网络分别有侧重地提取运动信息与时空语义信息，结合横向连接操作融合运动特征与主体属性特征，实现较高精度的视频分类。该算法项目代码的集成度较高,除了按照所介绍的流程来训练和推理SlowFast 模型以外,还可结合项目中的说明文档,仅对相关运行命令做少量改动即可实现C3D、I3D 和 X3D 等其他视频分类模型的训练与预测。

人们对于世界的感知往往来源于多种不同类型的信息,结合多种具有不同结构的数据称为多模态,多模态学习的目标是实现多源模态信息的处理和理解。在各类视频中,声音与画面是同等重要的,对于视频分类任务来说,未来的研究除了着眼于通过利用各种方法提取画面中的时序与空间语义特征,还可以尝试利用语音信息、声纹识别、语音识别和自然语言处理等相关信息,实现多模态或多任务的视频分类。

参考文献

[1] Wang H,Kläser A,Schmid C,et al. Dense trajectories and motion boundary descriptors for action recognition[J]. International Journal of Computer Vision,2013,103:60-79.

[2] Wang H,Schmid C. Action recognition with improved trajectories[C]//Proceedings of the IEEE International Conference on Computer Vision,2013.

[3] Dalal N,Triggs B,Schmid C. Human detection using oriented histograms of flow and appearance[C]// Proceedings of the European Conference on Computer Vision,2006.

[4] Dalal N,Triggs B. Histograms of oriented gradients for human detection[C]// Proceedings of the IEEE Conference on Computer Vision and Pattern Recognition,2005.

[5] Chaudhry R,Ravichandran A,Hager G,et al. Histograms of oriented optical flow and binet-cauchy kernels on nonlinear dynamical systems for the recognition of human actions[C]//Proceedings of the IEEE Conference on Computer Vision and Pattern Recognition,2009.

[6] Hochreiter S,Schmidhuber J. Long short-term memory[J]. Neural Computation,1997,9(8):1735-1780.

[7] Simonyan K,Zisserman A. Two-stream convolutional networks for action recognition in videos[C]// Proceedings of Advances in Neural Information Processing Systems,2014.

[8] Ma S,Sigal L,Sclaroff S. Learning activity progression in ISTMs for activity detection and early detection[C]//Proceedings of the IEEE Conference on Computer Vision and Pattern Recognition,2016.

[9] Tran D,Bourdev L,Fergus R,et al. Learning spatiotemporal features with 3D convolutional networks[C]//Proceedings of the IEEE International Conference on Computer Vision,2015.

[10] Carreira J,Zisserman A. Quo vadis,action recognition a new model and the kinetics dataset[C]// Proceedings of the IEEE Conference on Computer Vision and Pattern Recognition,2017,6299-6308.

[11] Kay W,Carreira J,Simonyan K,et al. The kinetics human action video dataset[EB/OL]. https://arxiv.org/abs/1705.06950v1.

## 第 2 章

目 标 检 测

当进入高铁站检票时,闸机能精确定位乘客的人脸并进行识别;当用手机智能识物时,手机能够框出关键物体并识别;当车辆自动行驶在道路上时,车辆能够自动检测到障碍物并避让;当进行地面巡视时,无人机可自动定位和识别地面目标并进行异常预警。是什么让机器能够智能筛选、定位并正确识别目标物体呢? 答案就是——目标检测。

目标检测技术主要解决的是"在哪里"和"是什么"的问题,"在哪里"指的是目标在图像中的具体坐标与物体大小,"是什么"指的是所定位目标的所属类别。利用目标检测技术,我们可以在复杂的环境中检索并定位出所需的若干类物体,例如,在人群中定位甲、乙、丙号人物,在钢板上找出有裂缝的区域,在水果市场中定位出西瓜、橘子和香蕉等。

上述目标检测的应用是计算机视觉技术的冰山一角,这项技术渗透在人们生活的方方面面。想了解这项技术是怎么设计和实现的吗? 让我们进入下面的学习吧!

2.1 背景介绍

随着计算机视觉技术的发展,目标检测在人工智能的相关领域发挥着十分关键的作用。通过目标检测技术,计算机可以在图像或视频数据中识别和定位特定的对象,实现自动化和智能化的处理。其应用包括但不限于物体跟踪、智能安防、自动驾驶等领域,推动了智慧城市、智能家居和智能工业等人工智能应用的发展。

目标检测是计算机视觉领域的一项重要技术,其目的是在图像或视频中自动识别和定位特定的对象。与传统的图像分类不同,目标检测不仅需要对图像进行分类,还需要确定目标物体在图像中的位置和大小,满足更为丰富的应用场景。如图 2.1 所示,利用目标检测技术,能够在一张图像上准确定位和标记出多个目标物体,并分别输出其对应类别。

目前,基于深度学习的目标检测研究主要分为两阶段和一阶段两类方法。两阶段方法是基于传统特征的目标检测方法的延续,该类方法将目标定位和目标分类分成两个阶段分别进行处理,先生成目标区域建议并定位目标,再进行目标分类等后续处理。其中著名的两阶段目标检测算法包括 R-CNN[1]、SPP-Net[2]、Fast R-CNN[3]、Faster R-CNN[4] 和 FPN[5] 等。虽然两阶段方法检测精准度较高,但运算复杂度较高,且两阶段检测方法不利于模型迁移和部署,也无法很好地满足实时检测的需求。

图 2.1　目标检测示意图

一阶段方法指基于单个神经网络模型实现目标检测,其与两阶段方法的区别在于:一阶段方法可直接回归获取目标边界框的位置与大小,并根据预测边界框的特征对目标进行分类,整个检测过程是端到端的。因而一阶段方法具有流程简单、速度快等优点,在实时检测任务中表现较好。其中常见的一阶段目标检测算法包括 SSD[6]、RetinaNet[7]、YOLOv1[8]、YOLOv2[9] 和 YOLOv3[10] 等。

在两阶段方法中,目标候选框由专门的网络模块生成;而在一阶段方法中,目标候选框以回归的方式直接生成。在回归计算过程中,有的检测算法会使用锚框(anchor box)来指导网络生成预测边界框,这类算法被称为基于锚框(anchor-based)的算法,有的检测算法仅依靠网络自身学习回归候选框,这类算法被称为无锚框(anchor-free)算法。

锚框是一组具有特殊大小与宽高比例的预设边界框,其可根据经验设置,也可利用对目标真实候选框进行聚类等方法获得。通过设置不同尺度与不同大小的先验框,能够约束网络生成与目标具有良好匹配度的预测候选框。

本实验介绍的 YOLOv3 是一个一阶段的基于锚框的目标检测算法,其结合全新的主干网络与多尺度预测方法,利用特定的损失函数与训练策略,在保持检测速度优势的前提下,进一步提升了检测精度,尤其提高了对小物体的检测能力,实现了较为高效和精准的目标检测。

2.2　算法原理

本实验是基于 2018 年由 J. Redmon 和 A. Farhadi 发表的一篇名为 *YOLOv3：An Incremental Improvement* 的科技报告开展的,该报告对 YOLOv2 加以改进,提出了一种一阶段式的 YOLOv3 目标检测模型,该模型增加了锚框数量,并改进了损失函数,同时利用多尺度特征融合与检测等方法,提升了对小目标的检测精度,实现了较高性能的目标检测。

2.2.1　边界框预测

YOLOv3 针对每个预测点均生成 3 个不同比例的预测边界框,且所预测的每个边界框均含有 4 个元素:t_x、t_y、t_w 和 t_h。如图 2.2 所示,若预测点从图像的左上角偏移了 (c_x, c_y),

并且先验边界框(锚框)的宽度和高度分别为 p_w 和 p_h,则预测边界框的中心点坐标$(b_x,$ $b_y)$、宽 b_w 和高 b_h 分别为

$$\begin{cases} b_x = \sigma(t_x) + c_x \\ b_y = \sigma(t_y) + c_y \\ b_w = p_w e^{t_w} \\ b_h = p_h e^{t_h} \end{cases} \tag{2-1}$$

先验边界框与预测边界框的位置关系如图 2.2 所示,其中虚线框表示先验边界框,实线框表示预测边界框。这里网络并不是直接学习 b_x、b_y、b_w 和 b_h,而是让网络学习 t_x、t_y、t_w 和 t_h,再通过进一步运算 $\sigma(\cdot)$ 以获得 b_x、b_y、b_w 和 b_h,主要原因在于 b_x、b_y、b_w 和 b_h 的值较大,直接预测会导致神经网络不易收敛。

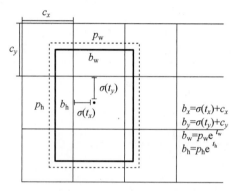

图 2.2　先验边界框与预测边界框的位置关系

同时,YOLOv3 通过逻辑回归来生成每个预测边界框的置信度,该置信度所描述的是对应边界框包含目标物体的概率值。在 YOLOv3 中,仅由交并比(Intersection over Union, IoU)最大的预测边界框去拟合先验边界框,并将该预测边界框的置信度标签设为 1(正样本),其余预测边界框的置信度标签设为 0。在置信度标签为 0 的预测边界框中,若某些预测框的 IoU 值大于某一阈值(比如 0.5),则忽略此类预测框,仅保留 IoU 小于阈值的预测框作为负样本。因此,正样本对定位、置信度与分类学习都产生贡献,而负样本仅对置信度学习产生贡献。

2.2.2　分类预测

YOLOv3 采用逻辑回归而不是 Softmax 函数进行分类,因为在某些标签类别语义重叠的情况下,一个预测框可能会包含多个目标类别(例如,"女人"和"人"),使用 Softmax 函数仅能实现单标签目标的分类,而多个相互独立的逻辑回归能实现多标签目标的分类,适用性更强。

2.2.3　YOLOv3 网络结构

YOLOv3 采用 Darknet53 作为主干网络,其具体结构如表 2.1 所示,其中,Residual 表示残差连接操作,GAP(Global Average Pooling)表示全局平均池化,FC 为全连接层。

表 2.1　Darknet53 结构细节

	类　型	滤波器大小	输　出　大小
	Convolutional	32×3×3	256×256
	Convolutional	64×3×3/2	128×128
	Convolutional	32×1×1	
	Convolutional	64×3×3	
	Residual		128×128
	Convolutional	128×3×3/2	64×64
	Convolutional	64×1×1	
2×	Convolutional	128×3×3	
	Residual		64×64
	Convolutional	256×3×3/2	32×32
	Convolutional	128×1×1	
8×	Convolutional	256×3×3	
	Residual		32×32
	Convolutional	512×3×3/2	16×16
	Convolutional	256×1×1	
8×	Convolutional	512×3×3	
	Residual		16×16
	Convolutional	1024×3×3/2	8×8
	Convolutional	512×1×1	
4×	Convolutional	1024×3×3	
	Residual		8×8
	Avgpool	GAP	
	FC	1000	
	Softmax		

　　YOLOv3 的具体结构如图 2.3 所示,主干网络中的浅层特征与通过上采样后的深层特征进行拼接,并利用卷积操作充分感知和融合浅层细粒度结构信息以及深层抽象语义信息。利用 k 均值(k-means)聚类算法产生 9 种先验边界框,按大小进行排序后将其平均分配到 3 个尺度中,并作为预测边界框尺寸的基准锚框。

　　如图 2.3 所示,CBL 表示卷积+BN+Leaky ReLU。YOLOv3 在 3 个不同的尺度下生成预测框,且针对每个尺度下的每个预测点均分别生成 3 个预测框,设第 i 个尺度下的特征图的高和宽均为 N_i,目标类别数量为 cls,则在该尺度下最终生成的预测框数量为 $N_i \times N_i \times 3$,每个预测框的特征均包含 4 个边界框偏移量、1 个置信度以及 cls 个类别预测概率值,因此,该尺度下的特征张量维度为 $N_i \times N_i \times 3 \times (4+1+\text{cls})$。

2.2.4　损失函数

　　YOLOv3 的损失函数表达式为

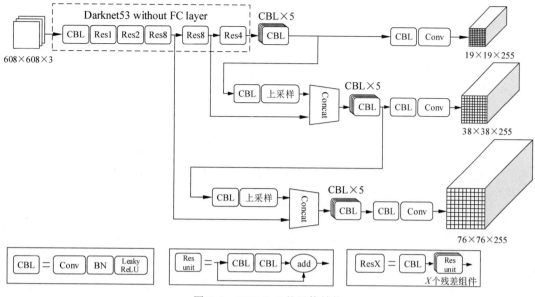

图 2.3 YOLOv3 的具体结构

$$L = \lambda_{\text{coord}} \sum_{i=0}^{S^2} \sum_{j=0}^{B} 1_{i,j}^{p_{\text{obj}}} \times \left[(b_x - \hat{b}_x)^2 + (b_y - \hat{b}_y)^2 + (b_\text{w} - \hat{b}_\text{w})^2 + (b_\text{h} - \hat{b}_\text{h})^2 \right] \times (2 - w_i \times h_i)$$

$$+ \sum_{i=0}^{S^2} \sum_{j=0}^{B} 1_{i,j}^{p_{\text{obj}}} \times \left[-\log(p_\text{c}) + \sum_{i=1}^{n} \text{BCE}(\hat{c}_i, c_i) \right]$$

$$+ \lambda_{n_{\text{obj}}} \sum_{i=0}^{S^2} \sum_{j=0}^{B} 1_{i,j}^{n_{\text{obj}}} \left[-\log(1 - p_\text{c}) \right] \qquad (2\text{-}2)$$

其中，S^2 表示预测点总数；B 表示每个预测点的预测框总数；$\sum\limits_{i=0}^{S^2} \sum\limits_{j=0}^{B} (\cdot)$ 表示遍历所有尺度下的所有预测框；$1_{i,j}^{p_{\text{obj}}}$ 表示是否是正样本，是则为 1，否则为 0；b_x 和 b_y 为预测框的中心点坐标；b_w 和 b_h 分别为预测框的宽和高；$\hat{b}_x$ 与 $\hat{b}_y$ 为真实框的中心点坐标；$\hat{b}_\text{w}$ 与 $\hat{b}_\text{h}$ 分别为真实框的宽和高；p_c 为预测置信度；n 为目标的类别数；BCE() 为二元交叉熵损失；c_i 为目标的预测类别；$\hat{c}_i$ 为目标的真实类别；$1_{i,j}^{n_{\text{obj}}}$ 表示是否为负样本，是则为 1，否则为 0；λ_{coord} 与 $\lambda_{n_{\text{obj}}}$ 均为超参数。

YOLOv3 的损失函数仅基于正样本与负样本进行计算，其中正样本对定位、置信度与分类学习都产生贡献，而负样本仅对置信度学习产生贡献。损失函数中的第一项描述的是正样本的预测框定位损失，第二项描述的是正样本的置信度和分类损失，第三项描述的是负样本的置信度损失。

2.3 实验操作

2.3.1 实验环境

本实验所需要的环境配置如表 2.2 所示。

表 2.2 实验环境配置

条　　件	环　　境
操作系统	Ubuntu 16.04
开发语言	Python 3.8
深度学习框架	Pytorch 1.8.0
相关库	matplotlib 3.3 numpy 1.18.5 opencv-python 4.1.1 Pillow 7.1.2 psutil PyYAML 5.3.1 requests 2.23.0 scipy 1.4.1 thop 0.1.1 torch 1.7.0 torchvision 0.8.1 tqdm 4.64.0

1. 代码下载

使用下列命令将 YOLOv3 项目文件备份至本地计算机,并安装依赖库文件:

```
git clone https://github.com/ultralytics/yolov3    # clone
cd yolov3
pip install - r requirements.txt    # install
```

也可以根据书中提供的二维码链接到下载页面,单击页面右上角的下载按钮进行下载。

2. 代码文件目录结构

代码文件目录结构如下:

```
├─classify ----------------------------------------- 目标分类训练和推理文件库
├─data ------------------------------------------- 数据集相关说明 yaml 文件库
├─models ------------------------------------------------- 模型构建文件库
├─segment --------------------------------------- 图像分割训练和推理文件库
├─utils ------------------------------------------------- 目标检测工具库
├─detect.py --------------------------------------------------- 推理文件
├─train.py ---------------------------------------------------- 训练文件
├─requirements.txt ------------------------------------------- 配置需求文件
```

2.3.2 数据集介绍

本实验所采用的是 Microsoft Common Objects in Context(MS COCO)数据集,该数据集的下载地址可扫描书中提供的二维码获得。

MS COCO 数据集[11]是由微软研究院于 2014 年标注的大规模目标检测数据集,其包括 80 个类别的目标检测边界框标注、像素分割标注以及关键点标注等。本实验使用 COCO 2017 版,该数据集包括 11.8 万余张训练图像、5000 张验证图像和 4 万余张测试图像。MS COCO 数据集的部分图像示例如图 2.4 所示。

图 2.4　COCO 数据集的部分图像示例

2.3.3　实验操作与结果

1. 训练

运行下述命令进行模型训练：

```
python train.py -- data coco.yaml -- epochs 300 -- weights '' -- cfg yolov5n.yaml -- batch-size 128
```

2. 测试

方法 1，可通过运行以下命令实现从 PyTorch Hub 加载 YOLOv3 并进行推理：

```
import torch
# Model
model = torch.hub.load("ultralytics/yolov3", "yolov3")
# Images
img = "https://ultralytics.com/images/zidane.jpg"  # or file, Path, PIL, OpenCV
# Inference
results = model(img)
# Results
results.print()  # or .show(), .save()
```

方法 2，可通过本实验项目中的 detect.py 文件进行模型推理，运行该文件后，能够自动

下载最新的预训练模型至本地,并加载以进行目标检测。其运行命令为

```
python detect.py -- weights yolov5s.pt -- source img.jpg
```

3. 实验结果

示例性的实验结果如图 2.5 所示。

图 2.5　YOLOv3 检测结果图

2.4　总结与展望

　　本次实验所使用的 YOLOv3 算法是继 SSD、YOLOv1 和 YOLOv2 之后的一大具有突破性的一阶段目标检测算法,通过改进训练策略与损失函数,结合 Darknet53 主干网络与多尺度预测方法,提升了对小目标物体的识别准确率,在保持较快检测速度的同时,能够实现较高精度的目标检测。

　　目标检测是计算机视觉领域中的一个热点课题,其目的是在图像或视频中自动识别和定位特定的目标。近年来,深度学习技术大力推动了目标检测的快速发展,提高了检测精度和效率,然而目标检测仍然面临着许多挑战。

　　(1) 小样本及零样本的目标检测。虽然现有目标检测方法已经具备较好的性能,但这些方法严重依赖于大量的训练数据。当样本数据有限或缺失时,基于深度学习的目标检测方法具有局限性,模型性能会大幅下降。然而,在许多实际应用场景中,例如,医疗、军事、金融等领域,数据较为稀缺,样本采集困难且代价昂贵。同时,这类样本需要相关专业人士进行标注,标注难度大且标注周期长,难以快速获得足够的训练样本数据。因此,如何使目标检测方法在训练样本较少甚至没有的情况下有效地检测出目标对象,是今后的一个重要研究方向。

　　(2) 小目标及密集目标的检测。对于一阶段目标检测算法来说,检测小目标和密集目标是十分具有挑战性的。由于目标尺寸小,其很容易与周围环境产生混淆,变得难以检测,而密集目标往往会存在不同目标之间的重叠和遮挡问题。在某些实际应用场景中,例如,无人机检测、交通检测以及工业检测等领域,均普遍存在小目标与密集目标,因此,针对小目标及密集目标的检测在未来将会是一个研究热点,其对各行业的终端应用的性能提升具有重大意义。

参考文献

［1］ Girshick R，Donahue J，Darrell T，et al. Rich feature hierarchies for accurate object detection and semantic segmentation［C］//Proceedings of the IEEE Conference on Computer Vision and Pattern Recognition，2014.

［2］ He K，Zhang X，Ren S，et al. Spatial pyramid pooling in deep convolutional networks for visual recognition［J］. IEEE Transactions on Pattern Analysis and Machine Intelligence，2015，37（9）：1904-1916.

［3］ Girshick R. Fast R-CNN［C］//Proceedings of the IEEE International Conference on Computer Vision，2015，1440-1448.

［4］ Ren S，He K，Girshick R，et al. Faster R-CNN：Towards real-time object detection with region proposal networks［J］. IEEE Transactions on Pattern Analysis and Machine Intelligence，2016，39（6）：1137-1149.

［5］ Lin T，Dollár P，Girshick R，et al. Feature pyramid networks for object detection［C］//Proceedings of the IEEE Conference on Computer Vision and Pattern Recognition，2017.

［6］ Liu W，Anguelov D，Erhan D，et al. SSD：Single shot multibox detector［C］//Proceedings of the European Conference on Computer Vision，2016.

［7］ Lin T，Goyal P，Girshick R，et al. Focal loss for dense object detection［C］// Proceedings of the IEEE International Conference on Computer Vision，2017.

［8］ Redmon R，Divvala S，Girshick R，et al. You only look once：Unified，real-time object detection［C］//Proceedings of the IEEE Conference on Computer Vision and Pattern Recognition，2016.

［9］ Redmon J，Farhadi A. YOLO9000：better，faster，stronger［C］//Proceedings of the IEEE Conference on Computer Vision and Pattern Recognition，2017.

［10］ Redmon J，Farhadi A. Yolov3：An incremental improvement［J/OL］. arXiv：1804.02767，2018.

［11］ Lin T，Maire M，Belongie S，et al. Microsoft COCO：Common objects in context［C］//Proceedings of the European Conference on Computer Vision，2014.

## 第 3 章

表 情 识 别

生活中,人们除了通过语言进行交流以外,表情也是非常重要的交流方式之一。从微笑到皱眉,从愉快到不满,从平静到悲伤,表情能够传达出很多信息。即使在无声的世界里,仅通过解读表情,也可以快速了解人们的心理变化和内在需求。

表情识别技术是一种通过客观分析人脸图像,进而判定人类情绪类别的计算机视觉技术。随着科技的进步,人们希望机器在按部就班完成指定任务的同时,还能主动挖掘用户需求,即表现得更加智能化。例如,医疗机器在完成医疗任务的同时还能够自动记录病人的生理状况和就医感受,在线教育平台在完成教授课程任务的同时还能够自动检测学生的专注度和心理活动等。将表情识别技术配置到机器系统中,可使机器学会"察言观色",实现更为人性化的服务。

利用表情识别技术,能让机器具有"情绪交互"的功能,不需要使用肢体和语言,仅凭开心、惊讶和悲伤等表情即可自动触发相应指令,使机器做出贴心的反馈。接下来,让我们一起学习表情识别技术,尝试教会机器"读心"吧。

3.1 背景介绍

面部表情是传递人类情绪内涵的最常见、最直观和最重要的媒介之一。表情识别技术(Facial Expression Recognition,FER)能够辅助机器实现更为人性化的人机交互。表情识别系统在智能医疗、智能服务、驾驶员疲劳检测等领域均有实际应用。在医疗看护领域,FER技术可以通过识别病患的表情来协助医护人员诊断患者的生理状况,提升医务工作者的决策效率和病人的就诊体验;在安全驾驶领域,FER技术通过识别驾驶者的表情可判断驾驶人员是否有疲劳驾驶行为,提高道路交通的安全性;在虚拟现实领域,FER技术可以通过识别用户的表情实现人机同步的沉浸式真实感体验;在行为分析领域,FER技术可以识别城市中智能摄像头所拍摄的目标人员的表情,结合相应的犯罪预测模型,实现对路人异常行为的监测;在服务领域,FER技术通过识别客户的表情不仅能推断客户对于该服务的满意度,还能估测出客户的消费喜好与习惯。

面部表情识别旨在利用计算机科学方法,首先对采集到的自然图像进行人脸检测和定位裁剪,再对图像进行预处理,例如,人脸对齐、数据增强和标准化等操作,然后使用传统机器学习算法或深度学习方法获取表情特征,最后通过分类器客观分析特征以判定图像中待测人员的情绪,情绪的判定结果可以是离散型、复合型、连续型或脸部动作单元组合型的。相较于其他类型的表情定义来说,离散型的表情更为典型且易于预测,故大多数现有方法均针对离散型表情进行研究,常见的表情类别有愤怒、厌恶、开心、恐惧、悲伤、惊讶、中性和轻蔑。基于计算机科学技术的面部表情识别系统的一般工作流程如图 3.1 所示。

图 3.1　面部表情识别系统的一般工作流程

早期基于传统算法的表情识别的研究思路,主要是将人工设计特征与常见分类器进行结合,通过建模完成表情识别任务。常用的传统人工特征有局部二值模式、Haar 特征、方向梯度直方图、尺度不变特征变换和 Gabor 变换等;常见的分类模型有支持向量机、K 近邻算法、贝叶斯算法和 Adaboost 算法等。一个有效的识别模型往往需要经过研究人员反复斟酌设计、合理调整结构和重复验证性能才能得到,因而基于特征设计的传统表情识别方法具有较好的逻辑性以及较为清晰的可解释性。但是,随着户外表情数据集规模的不断扩大,面对各种姿态偏移、遮挡和光照变化的表情图像,仅靠人力去获取具有区分性的特征是十分低效的。

随着高性能硬件设备的迭代、深度学习算法的创新与大数据技术的发展,卷积神经网络(Convolutional Neural Networks,CNN)在智能感知与图像理解任务中的优异性能逐渐显现。面对复杂多样的实际应用场景以及庞大的表情数据集,针对不同的理论和数据先验知识,设计并叠加相应的网络模块、训练机制以及损失函数,可以使网络按照各种期望来学习和提取更加显著和精练的表情特征,实现具有较高效率和较高性能的表情识别。

特征提取在表情识别流程中十分关键,它将直接影响到表情识别算法性能的优劣。Xie 等[1]提出了一种结合注意力机制与编解码重构特征对比的方法以获得深层高级泛化特征,抑制不同种族、身份、性别给表情识别任务带来的负面影响。Wang 等[2]提出了一种基于区域注意力网络的表情识别方法,输入裁剪图像获取局部特征,再利用注意力机制计算区域权重,并与全局特征进行加权融合以达到特征增强的目的,主要解决姿态变化和有遮挡情况下的人脸表情识别问题。Xue 等[3]提出了一种结合 Transformer 与卷积神经网络的结构来提取与表情相关的特征,实现了较高的识别准确率。

损失函数作为指导表情识别网络学习和有效提升表情识别精度的重要因素,也受到了研究学者们的关注,各种构思巧妙的损失函数被相继提出和应用。Vo 等[4]提出了一种多尺度特征融合与先验分布标签平滑损失函数相结合的方法,在计算交叉熵损失时,既考虑被划分成正确类别的损失,还以先验分布概率为权重,通过加权来融合被分类至其他错误类别的损失。Farzaneh 等[5]提出了一种深度注意中心损失,该方法采用多头注意力机制,计算每个特征向量与中心特征向量之间对应位置上的元素之间距离的权重,联合加权中心损失与交叉熵损失来训练网络。Fard 等[6]提出了自适应相关损失,分别从个体特征层面和群体特征层面计算各个维度下特征之间的相关性,利用特定的惩罚机制指导网络生成类内样本高相关而类间样本低相关的特征向量。

3.2　算法原理

本实验基于 2022 年 ECCV 论文 *Learn From All：Erasing Attention Consistency for Noisy Label Facial Expression Recognition* 开展，文中提出了 Erasing Attention Consistency (EAC)模型，该模型利用不平衡的框架，结合类激活映射与注意力一致性，抑制噪声数据给网络识别性能所带来的负面影响，提升表情识别准确率。

3.2.1　ResNet 介绍

ResNet[7]是由何凯明等提出的一种深度学习卷积神经网络模型，其解决了随着卷积神经网络深度的增加，训练集的识别准确率反而下降的退化问题。ResNet 在 ILSVRC&COCO2015 竞赛中斩获了包含 ImageNet 分类任务、ImageNet 检测任务、ImageNet 定位任务、COCO 检测任务及 COCO 分割任务在内的五项"第一"，是 CNN 史上一大里程碑模型。

一般直觉认为深度神经网络的性能与其宽度和深度均成正比，深层网络的表现一般都比浅层网络更优，或二者性能相近，但是实验结果却表明随着网络层数的逐渐增加，模型在训练集上的识别准确率却趋近于饱和甚至下降，这种反直觉的退化问题表明并不是所有模型都是易于优化的。

针对上述退化问题，ResNet 引入了深度残差学习框架。当网络模型出现退化问题时，浅层网络性能优于深层网络，那么将深层网络中的某些层仅进行恒等映射，则深层网络也会获得和浅层网络一样好的性能。然而通过具有非线性映射操作的卷积神经网络模块来直接拟合恒等函数是较为困难的，然而，通过非线性层来拟合恒等于 0 的函数则相对容易一些。

在原始卷积神经网络模型中，设 x 为输入，$H(x)$ 为所期望的底层映射，则恒等函数表示为 $H(x)=x$，由于非线性层的存在，这种恒等函数的拟合是比较困难的。在深度残差学习框架中，设底层映射 $H(x)=F(x)+x$，则残差函数映射 $F(x)=H(x)-x$，此时恒等函数依然为 $H(x)=x$，当 $F(x)=0$ 时，该恒等函数成立。即使有非线性层的存在，这种恒等于 0 的函数的拟合也较为容易。为构建满足 $F(x)=H(x)-x$ 形式的残差函数映射，何凯明等设计了如图 3.2 所示的残差结构。其中，x 为残差模块的输入，$F(x)$ 为残差映射，$H(x)$ 为所期望的底层映射输出，ReLU 为激活函数，权重层为若干卷积层。

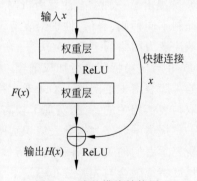

图 3.2　残差模块结构图

通常 $F(x)$ 不为 0 且包含一定特征信息，引入残差结构后网络对于数据的微小变化更加敏感，网络在易于训练的同时性能也会有所提升。使用跳接连接能够简单辅助实现恒等映射，不会产生额外参数且不增加网络的计算复杂度。在残差模块中，x 和 $F(x)$ 的维度必须是相等的，否则需要对 x 进行变换实现维度匹配，此时底层映射 $H(x)$ 可表示为

$$H(x)=F(x)+W_{s}x \tag{3-1}$$

其中，W_{s} 表示变换参数。

残差函数 $F(x)$ 是可变的,为了更好地优化不同深度的网络,何凯明等提出了两种不同的基本残差结构:基本模块和瓶颈模块。其中基本模块的输入、输出维度一致,常用于构建相对较浅的网络,而瓶颈模块的输入、输出维度不一,通过 1×1 卷积调整特征维度以降低计算复杂度,常用于构建相对较深的网络。ResNet 的基本模块和瓶颈模块的结构分别如图 3.3(a)和图 3.3(b)所示,其中,D 为大于 1 的常数。

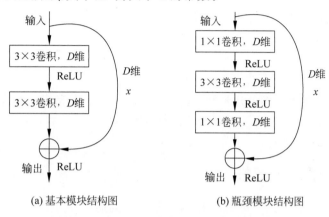

(a) 基本模块结构图　　　　　　(b) 瓶颈模块结构图

图 3.3　ResNet 的基本模块和瓶颈模块结构图

ResNet 的设计主要遵循两个原则:一是若输出特征图具有相同尺寸,则此类残差模块具有相同数量的卷积核;二是若输出特征图尺寸减半,则残差模块的卷积核数量加倍,这样便能让每个残差模块的时间复杂度保持一致。当输入和输出的特征图大小不同时,则通过调节步长并进行卷积操作实现特征图尺寸及通道的匹配以便进行跳接连接。ResNet 的细节及其变体结构如表 3.1 所示。

表 3.1　ResNet 的细节及其变体结构

模块	尺寸	18 层	34 层	50 层	101 层	152 层
conv1	112×112	卷积核尺寸为7,卷积核数量为64,卷积步长为2				
conv2	56×56	最大池化层				
		$\begin{bmatrix}3\times3,64\\3\times3,64\end{bmatrix}\times2$	$\begin{bmatrix}3\times3,64\\3\times3,64\end{bmatrix}\times3$	$\begin{bmatrix}1\times1,64\\3\times3,64\\1\times1,256\end{bmatrix}\times3$	$\begin{bmatrix}1\times1,64\\3\times3,64\\1\times1,256\end{bmatrix}\times3$	$\begin{bmatrix}1\times1,64\\3\times3,64\\1\times1,256\end{bmatrix}\times3$
conv3	28×28	$\begin{bmatrix}3\times3,128\\3\times3,128\end{bmatrix}\times2$	$\begin{bmatrix}3\times3,128\\3\times3,128\end{bmatrix}\times4$	$\begin{bmatrix}1\times1,128\\3\times3,128\\1\times1,512\end{bmatrix}\times4$	$\begin{bmatrix}1\times1,128\\3\times3,128\\1\times1,512\end{bmatrix}\times4$	$\begin{bmatrix}1\times1,128\\3\times3,128\\1\times1,512\end{bmatrix}\times8$
conv4	14×14	$\begin{bmatrix}3\times3,256\\3\times3,256\end{bmatrix}\times2$	$\begin{bmatrix}3\times3,256\\3\times3,256\end{bmatrix}\times6$	$\begin{bmatrix}1\times1,256\\3\times3,256\\1\times1,1024\end{bmatrix}\times6$	$\begin{bmatrix}1\times1,256\\3\times3,256\\1\times1,1024\end{bmatrix}\times23$	$\begin{bmatrix}1\times1,256\\3\times3,256\\1\times1,1024\end{bmatrix}\times36$
conv5	7×7	$\begin{bmatrix}3\times3,512\\3\times3,512\end{bmatrix}\times2$	$\begin{bmatrix}3\times3,512\\3\times3,512\end{bmatrix}\times3$	$\begin{bmatrix}1\times1,512\\3\times3,512\\1\times1,2048\end{bmatrix}\times3$	$\begin{bmatrix}1\times1,512\\3\times3,512\\1\times1,2048\end{bmatrix}\times3$	$\begin{bmatrix}1\times1,512\\3\times3,512\\1\times1,2048\end{bmatrix}\times3$
conv6	1×1	全局平均池化层				

3.2.2　类激活映射

类激活映射[8]是一种注意力方法,利用该方法可在给定的图像上将网络检测到的显著特征进行可视化,使用类激活映射,可以清楚地观察到网络关注图像的哪块区域,进而知晓网络主要基于哪部分特征得出表情的判定结果。

对于表情识别任务中的卷积神经网络来说,注意力图来自最后一层卷积层的特征图与全连接层的权重的加权和。注意力图的计算方式可表示为

$$M_j(h,w) = \sum_{c=1}^{C} W(j,c) F_c(h,w) \tag{3-2}$$

其中,C、h 和 w 分别为特征图的通道数、高和宽;M_j 为第 j 类表情预测结果所对应的类激活映射注意力图;$W(j,c)$ 为第 j 类表情预测结果所对应的全连接层的权重;$F_c(h,w)$ 为最后一层卷积层的输出特征图。

3.2.3　注意力一致性

注意力一致性由 Guo 等[9]首次提出,模型所学习到的注意力图应当与输入图像遵循相同的变换。例如,将同一张输入图像进行翻转后再次输入同一注意力网络中,重新计算得到的新注意力图应该与翻转之后的旧注意力图保持一致,这被称为注意力一致性。即针对输入图像 I_i,其对应的翻转图像为 I_i',其对应的注意力图为 I_{att},I_i' 所对应的注意力图为 I_{att}',则 I_{att} 和 I_{att}' 之间的关系应满足:

$$I_{att}' = \text{flip}(I_{att}) \tag{3-3}$$

其中,flip() 为翻转操作。通过考虑空间变换情况下的视觉注意力一致性,Guo 等实现了更合理的视觉感知与更高精度的多标签图像分类。

在表情数据集中,多数图像均含有一定程度的噪声,噪声掺杂现象在户外表情数据集中尤为常见,普通的注意力机制很有可能将某些噪声当成有用数据来学习,进而让网络发生过拟合。由于对一张图像进行常见的空间变换并不会改变其面部表情的标签属性,若使用注意力一致性对注意力机制加以约束,则网络能够学习到更加泛化和重要的显著信息,并抑制网络趋于过拟合。

3.2.4　EAC 模型介绍

EAC 模型结构如图 3.4 所示。首先,将输入图像依次进行随机擦除与水平翻转,得到翻转擦除图像样本,并与原始擦除图像样本一起构成输入样本对,由 ResNet50 分别提取其表情特征;其次,将原始图像分支的表情特征进行全局平均池化,并利用全连接实现表情识别;之后利用全连接层的参数,结合类激活映射方法分别计算得到原始图像注意力图与翻转图像注意力图;最后将翻转图像注意力图进行水平翻转,并根据注意力一致性计算一致性损失,结合交叉熵损失一同优化整体网络,实现较高性能的表情识别。

应当注意的是,翻转前后的面部图像具有相同的表情标签,在网络训练过程中,随着网络的每一轮迭代,随机擦除的位置与面积均在一定范围内不断变化,这可以防止网络模型记住噪声图像,结合一致性损失的指导,能够抑制网络过拟合,提高识别准确率。一致性损失的计算方式可表示为

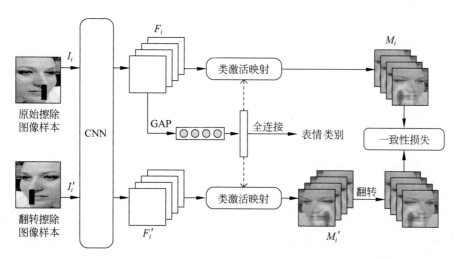

图 3.4 EAC 模型结构

$$L_c = \frac{1}{NCHW} \sum_{i=1}^{N} \sum_{j=1}^{C} \| M_{ij} - \mathrm{flip}(M'_{ij}) \|_2 \tag{3-4}$$

其中,N 为样本总数,C 为通道数,H 为特征图高度,W 为特征图宽度,M_{ij} 为原始注意力图,M'_{ij} 为翻转注意力图。

该网络模型的总损失为

$$L_{\mathrm{total}} = L_{\mathrm{cls}} + \lambda L_c \, L_{\mathrm{total}} = L_{\mathrm{cls}} + \lambda L_c \tag{3-5}$$

其中,L_{cls} 为交叉熵损失,λ 为超参数。

3.3 实验操作

3.3.1 实验环境

本实验所需要的环境配置如表 3.2 所示。

表 3.2 实验环境配置

条 件	环 境
操作系统	Ubuntu 16.04
开发语言	Python 3.8
深度学习框架	Pytorch 1.8.0
相关库	torchvision 0.9.0
	pandas 1.2.5
	numpy 1.20.2

实验项目文件下载网址可参考书中提供的二维码,下载完毕后解压得到名为 Erasing-Attention-Consistency-main 的实验项目文件夹。文件夹内相关内容如下:

```
Erasing-Attention-Consistency-main----------------------------------- 工程根目录
├─imgs---------------------------------------------------------- 论文结果图
├─model-------------------------------------------- ResNet50 预训练模型参数
├─raf-basic------------------------------------------------ RAF-DB 数据集
│  ├─EmoLabel-------------------------------------- 与论文实验相关的标签文件
```

```
├─src
│  ├─dataset.py ──────────────────────── 数据读取与预处理文件
│  ├─loss.py ──────────────────────── 一致性损失函数文件
│  ├─main.py ──────────────────────── 表情识别训练与预测的主程序
│  ├─model.py ──────────────────────── 表情识别模型构建
│  ├─resnet.py ──────────────────────── 表情识别主干网络
│  ├─train.sh ──────────────────────── 运行指令文件
│  ├─utils.py ──────────────────────── 表情识别工具辅助类文件
```

3.3.2　数据集介绍

　　本实验所使用的数据集为 Real-world Affective Faces Database(RAF-DB),该数据集的申请下载地址可参考书中提供的二维码。

　　RAF-DB 数据集[10] 是一个含有 29 672 张真实户外面部图像的表情数据集,该数据集中的所有图像均来源于互联网,每张图像中受试者的种族、性别、年龄和外貌等属性不一,图像中的环境背景和光照条件也有很大差异,整个数据集的标注任务由大约 40 名训练有素的注释工作人员完成。根据标注方式的不同,RAF-DB 数据集可分为两个不同的子集,即基本情绪子集和复合情绪子集。基本情绪子集为单标签型标注,共包含 7 个离散型表情类别:中性、愤怒、厌恶、悲伤、开心、恐惧和惊讶。复合情绪子集为双标签型标注,共包含 12 种组合表情类别。目前针对 FER 任务的大部分研究都是基于基本情绪子集所开展,该子集一共包含 15 339 张表情图像,经过人脸对齐后图像尺寸均为 100×100px,其中有 12 271 张图像被选取为训练样本,其他 3068 张图像作为测试样本,各个类别的表情样本数量较为均衡。RAF-DB 数据集中的部分人脸表情图像如图 3.5 所示。

图 3.5　RAF-DB 数据集中部分人脸表情图像

3.3.3 实验操作与结果

（1）下载 RAF-DB 数据集并解压,将解压后的数据集放入 Erasing-Attention-Consistency-main/raf-basic 目录中,数据存放目录格式如下:

```
├─raf − basic/
│   ├─Image/aligned/
│   │   ├─train_00001_aligned.jpg
│   │   ├─test_0001_aligned.jpg
│   │   ├─ ...
```

（2）下载 ResNet50 的预训练模型参数并将其放入 Erasing-Attention-Consistency-main/model 目录中,利用该预训练模型参数初始化 EAC 模型中的主干网络,该参数的下载地址可参考书中提供的二维码。

（3）在终端上将路径切换到 Erasing-Attention-Consistency-main/src 目录下,并开始训练和测试 EAC 模型:

```
$ cd /Erasing − Attention − Consistency − main/src
$ sh train.sh
```

（4）训练完毕后,将自动生成一个名为 rebuttal_50_noise_list_patition_label.txt 的训练日志文件,但是训练模型参数不会自动保存,如有需要,可在 main.py 文件中的 main() 函数中添加 torch.save(网络模型参数,'网络参数命名.pth')命令以保存训练好的整个网络。

（5）实验结果表明,在 RAF-DB 训练集(主干网络为 ResNet50)上训练 EAC 模型直至收敛,在 RAF-DB 测试集上可达到90%以上的识别准确率。

3.4 总结与展望

本次实验所使用的算法主要结合类激活映射与一致性损失,通过所设计的双分支不平衡框架抑制噪声所导致的网络过拟合现象,该模型的结构与训练机制并不复杂,但具有较好的识别性能,且该算法模型同样可以很好地推广到具有大量类别的图像分类任务中。

在表情识别任务中,表情数据本身具有一定的类内差异性与类间相似性,类内差异性是指同一类表情数据会因受试者的个人属性或环境背景的不同而不同,类间相似性是指不同类别的表情数据之间会因为受试者之间的个人属性或环境条件之间的相似而相似。同时,解读表情图像是一种较为主观的行为,这导致现存的表情数据集表情标注规则不一,数据集的制作标准也难以统一,表情标签错误混淆的情况难以避免。

标签混淆作为表情识别领域的一大难题,给提升表情识别网络性能带来巨大的挑战,针对标签混淆问题,许多科研工作者提出了新颖的算法以增强对表情特征的判别能力。Wang 等[11]从数据集入手,提出了一种注意力机制和重标记相结合的方法,在训练时学习给标签不确定的表情图像赋予较小的权重,配合重标记操作,达到清洗数据标签,训练得到更为鲁棒的识别网络的目的。She 等[12]从探索表情潜在分布和估计数据对之间的不确定性这两个角度来解决表情标签模糊的问题,其所引入的多分支辅助学习框架和实例语义特征相似模块在一定程度上抑制了标签混淆对网络识别性能带来的影响。Zhang 等[13]提出了一种相对不确定性学习方法,在建立两个分支同时学习表情特征和图像的不确定性权重,通过累加损失函数,鼓励模型从混合特征中同时识别出两种表情,不确定性学习分支给标签不确定的面部表情图像分配较大的权重,同时给标签确定的表情图像分配较小的权重。

在进行科学研究时,不仅可以从网络模型角度去设计辅助模块、损失函数与训练策略等,还可以从数据本身出发,分析和利用数据特性,结合数据先验知识与相应的算法策略,有时也能获得意想不到的显著效果。

参考文献

[1] Xie S,Hu H,Wu Y. Deep multi-path convolutional neural network joint with salient region attention for facial expression recognition[J]. Pattern Recognition,2019,92:177-191.

[2] Wang K,Peng X,Yang J,et al. Region attention networks for pose and occlusion robust facial expression recognition[J]. IEEE Transactions on Image Processing,2020,29:4057-4069.

[3] Xue F,Wang Q,Guo G. Transfer:Learning relation-aware facial expression representations with transformers[C]//Proceedings of the IEEE International Conference on Computer Vision,2021,3601-3610.

[4] Vo T H,Lee G S,Yang H,et al. Pyramid with super resolution for in-the-wild facial expression recognition[J]. IEEE Access,2020,8:131988-132001.

[5] Farzaneh A H,Qi X. Facial expression recognition in the wild via deep attentive center loss[C]//Proceedings of the IEEE Winter Conference on Applications of Computer Vision,2021.

[6] Fard A P,Mahoor M H. Ad-corre:Adaptive correlation-based loss for facial expression recognition in the wild[J]. IEEE Access,2022,10:26756-26768.

[7] He K,Zhang X,Ren S,et al. Deep residual learning for image recognition[C]//Proceedings of the IEEE Conference on Computer Vision and Pattern Recognition,2016.

[8] Zhou B,Khosla A,Lapedriza A,et al. Learning deep features for discriminative localization[C]//Proceedings of the IEEE Conference on Computer Vision and Pattern Recognition,2016.

[9] Guo H,Zheng K,Fan X,et al. Visual attention consistency under image transforms for multi-label image classification[C]//Proceedings of the IEEE Conference on Computer Vision and Pattern Recognition,2019.

[10] Li S,Deng W,Du J. Reliable crowdsourcing and deep locality-preserving learning for expression recognition in the wild[C]//Proceedings of the IEEE Conference on Computer Vision and Pattern Recognition,2017.

[11] Wang K,Peng X,Yang J,et al. Suppressing uncertainties for large-scale facial expression recognition[C]//Proceedings of the IEEE Conference on Computer Vision and Pattern Recognition,2020.

[12] She J,Hu Y,Shi H,et al. Dive into ambiguity:Latent distribution mining and pairwise uncertainty estimation for facial expression recognition[C]//Proceedings of the IEEE Conference on Computer Vision and Pattern Recognition,2021.

[13] Zhang Y,Wang C,Deng W. Relative Uncertainty Learning for Facial Expression Recognition[C]//Proceedings of Advances in Neural Information Processing Systems,2021.

## 第 4 章

呼 吸 检 测

随着国家经济的发展和人民生活水平的进一步提高,全民保健意识不断增强,在日常生活中,人们对于能够随时便捷地了解自身生理状况的需求日益强烈。呼吸信号作为人体生理的一项重要参数,不仅能够直观地反映与患者整体健康状况以及睡眠质量密切相关的关键信息,还能表征多种呼吸系统疾病症状。因此,拓展有效的预防诊治措施,实现准确实时的呼吸检测是国内外医院、高校等科研机构研究的主要内容之一。

4.1 背景介绍

人们一般以正常成年人在静坐状态下胸口的一次起伏运动作为一次呼吸,通过统计一分钟内胸腔的起伏次数作为当前目标的呼吸频率。根据有无接触体表将现有呼吸检测技术分为两大类:以接触式传感器设备为主的方法和以非接触式光电设备为主的方法。其中接触式方法目前相对成熟,例如,阻抗式检测、应变传感器检测以及心电信号呼吸率检测方法等。尽管此类方法可以实现准确的呼吸信号检测,但成本较高,需要专业人士手动操作,在使用时还需要将传感器贴附体表,容易导致目标身体不适。相比于接触式方法,非接触式呼吸检测方法无须在受试者身上贴附传感器,可以实现无创、实时的呼吸信号检测[1]。现有的非接触式呼吸检测方法可以分为两类:基于胸腔起伏位移变化的方法和基于光学容积脉搏波(Photo Plethysmo Graphy,PPG)特征的光学图像方法。

(1) 基于胸腔起伏位移变化的方法。人体在呼吸过程中,胸腔会呈现出周期性的起伏变化,因此检测胸腔的位移变化就可以获取目标的呼吸频率。根据所使用的传感器类型,基于胸腔起伏变化的呼吸检测方法大致可分为两类:基于雷达技术的方法[2]与基于电磁感应技术的方法[3]。

(2) 基于 PPG 特征的光学图像方法。成像式光学体积描记技术(image PPG,iPPG)[4]与远程光电容积脉搏波描记法(remote PPG,rPPG)[5]都是基于光电容积脉搏波特征的光学呼吸检测方法,通过对光学与生理信号之间的联系进行有效建模,可以获取稳定且准确的生理信号。

本实验基于 rPPG 技术,利用深度学习模型获取受试者的呼吸频率。基于深度神经网络利用 rPPG 进行呼吸检测的流程如图 4.1 所示。

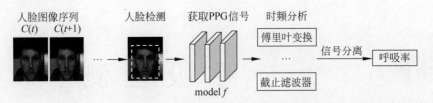

图 4.1　基于深度神经网络利用 rPPG 进行呼吸检测的流程

4.2　算法原理

建立面部皮肤像素变化与生理变化之间的有效联系是实现基于 rPPG 的呼吸检测技术的关键,本实验所采用的呼吸检测模型是 PhysNet[6],能够有效地利用人脸表观颜色信息变化提取目标的呼吸信号。

4.2.1　时空网络

卷积神经网络使用卷积进行运算操作,在图像分类、目标跟踪、目标检测等计算机视觉相关任务上表现出了良好的性能。卷积神经网络适合处理空间数据,然而无法获取视频数据之间的时间信息。为了有效利用数据之间的时间信息,人们提出了基于时空卷积的网络模型,用于同时提取视频数据的时间信息和空间信息。时空网络模型的提出进一步推动了深度学习技术的发展和应用。

时空网络由于其优异的性能,在许多基于视频的任务(例如,行为检测和识别)中发挥着至关重要的作用。目前时空网络主要包含两种网络框架:第一类为基于 3D 卷积的神经网络模型,如 3D 卷积、伪 3D 卷积、膨胀 3D 卷积、可分离 3D 卷积等,这些模型被广泛应用在与视频相关的任务中,可以有效提取视频中的空间和时间信息;第二类为基于递归神经网络的模型,如长短时记忆网络等,该类模型可以捕捉普通卷积神经网络中的时间上下文信息。

本实验所采用的呼吸检测模型是 PhysNet,基于 3D 卷积可以获取不同层次的时空信息,所采用的时空卷积模块结构如图 4.2 所示,该时空卷积模块共包含两层 3D 卷积和一层最大池化操作。

4.2.2　自编码器

编码器是一种数据压缩算法,其主要目的是通过编码-解码将高维向量映射为低维向量,在保留原向量信息的同时达到降维的目的。自编码器是一种特殊的神经网络,经过训练,能够有效地还原出原数据特征信息。自编码器由两部分组成:编码器将输入 x 映射为 $h=f(x)$,解码器将编码器的输出进行重构得到 $r=g(h)=g(f(x))$。编码-解码结构如图 4.3 所示。

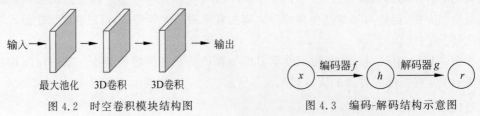

图 4.2　时空卷积模块结构图　　　　图 4.3　编码-解码结构示意图

自编码器一直是神经网络发展历史上的重要部分，传统上自编码器用于特征提取和数据降维，编码器通过训练将原始数据集编码为一个固定长度的向量，该向量蕴含许多重要的信息。数据降维不仅会减少数据的维数，而会在减少维数的前提下将数据的主要信息保留下来。一个完整的编码-解码过程是利用编码器将图像或者数据进行降维，通过解码器将数据降维后的向量进行复原，损失函数是原始数据与重构数据之间的误差。

自编码器与主成分分析（Principal Component Analysis，PCA）都可以降低数据维度，提取数据主要特征。但 PCA 是一种基于严格数学推导的数学方法，逻辑性强，而自编码器是一种神经网络，通过随机初始化网络参数，利用优化方法迭代训练，使用非线性激活函数等操作，更好地模拟了实际场景下数据样本的随机性，并且非线性激活函数相比于线性表达式能够提取到更加多样的特征表示，对于计算机视觉领域的分类、检测以及分割等多种任务都有着积极的作用。本实验基于编码-解码的网络结构实现呼吸信号的预测估计。

4.2.3　网络模型

PhysNet 基于 3D 时空卷积模块作为网络的主干，通过多个时空卷积模块的级联可以同时提取时间域与空间域中的 rPPG 特征，能够有效地获取目标的呼吸信号，受 Lea 等[7]利用编码-解码进行动作分割的启发，在模型构建中，建立了用于提取生理信号的自编码结构，具体模型结构如图 4.4 所示。

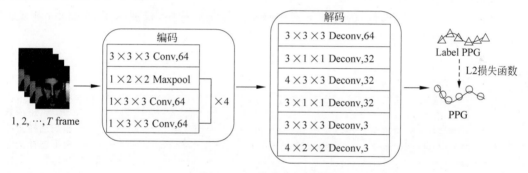

图 4.4　网络模型结构图

实验所使用的的网络模型结构如图 4.4 所示，网络的输入是 T 帧 RGB 图像，首先进行人脸检测以及尺寸的归一化，处理后的人脸图像被送入到编码器，在经过卷积、池化等操作后得到相应的特征表示：

$$f(x) = f((\,[x_1, x_2, \cdots, x_T]; \theta_e)\,; w_e) \tag{4-1}$$

其中，$[x_1, x_2, \cdots, x_T]$ 表示 T 帧输入图像，f 是由四次时空卷积（包含两个 3D 卷积层和一个最大池化层）与一个 3D 卷积层（卷积核为 $3 \times 3 \times 3$）所组成的时空编码模块，θ_e 表示该模块所有 3D 卷积核的级联，w_e 是时空编码模块参数的集合。

编码器所得到的特征 $f(x)$ 输入解码器进行信号回归，回归的过程可表示为

$$[p_1, p_2, \cdots, p_T] = g((f(x); \theta_s)\,; w_s) \tag{4-2}$$

其中，$[p_1, p_2, \cdots, p_T]$ 表示与 T 帧输入图像对应的 PPG 预测信号，g 表示集成了编码器与解码器两者的 PPG 信号预测模型，θ_s 表示编码模块与解码模块的级联，两者的参数集合表示为 w_s。

信号的回归损失函数选择 L2 损失函数，其表达式为

$$L_{\text{mse}} = \frac{1}{T} \sum_{i=1}^{T} (y_i - p_i)^2 \qquad (4\text{-}3)$$

其中，y_i 表示第 i 个真实信号的值，p_i 表示第 i 个预测信号的值，T 表示信号的长度。

4.3 实验操作

4.3.1 代码介绍

本实验所需要的环境配置如表 4.1 所示。

表 4.1 实验环境配置

条　件	环　境
操作系统	Ubuntu 18.04 LTS
开发语言	Python 3.8.8
深度学习框架	PyTorch 1.4.0
相关库	Numpy 1.15.4 h5py 3.1.0 Opencv 3.3.0

 实验代码下载地址可扫描书中提供的二维码获得。对于本实验而言，仅需要关注示例模型 PhysNet 相关代码文件，因此在下列代码文件目录结构中，仅展示了 PhysNet 相关的代码文件列表，其余文件不予展示。

```
────────────────────────────────────────────── 工程根目录
├── log.py────────────────────────────────────── 运行日志文件
├── loss.py─────────────────────────────────── 损失函数选择文件
├── main.py──────────────────────────────────────── 主函数
├── meta_params.json───────────────────────────── 参数选择文件
├── models.py────────────────────────────────── 模型选择文件
├── optim.py─────────────────────────────────── 优化器选择文件
├── parallel.py──────────────────────────────── 数据并行处理文件
├── dataset
│   ├── PhysNetDataset.py──────────────────PhysNet 数据加载文件
│   └── dataset_loader.py──────────────────────── 数据加载文件
├── nets
│   ├── blocks
│   │   ├── decoder_blocks.py─────────────────── 解码模块代码文件
│   │   └── encoder_blocks.py─────────────────── 编码模块代码文件
│   ├── funcs
│   │   └── complexFunctions.py──────────────────── 数学计算公式文件
│   ├── layers
│   │   └── complexLayers.py───────────────────── 部分网络层文件
│   ├── models
│   │   └── PhysNet.py───────────────────────────── PhysNet 模型
├── unused
│   └──facedetect.py─────────────────────── 作者构建的人脸检测文件
├── utils
│   ├── dataset_preprocess.py──────────────────── 数据处理调用文件
```

```
|      ├── image_preprocess.py ─────────────────── 视频/图像数据库处理文件
|      ├── text_preprocess.py ───────────────────── 真值数据处理文件
|      └── funcs.py ──────────────────────── 滤波器、波形图绘制等文件
└── README.md ─────────────────────────────── 说明文件
```

4.3.2 数据集

实验选用常用于生理信号检测的数据集 PURE,该数据集由 Stricker 等[8]制作,包含 10 个目标,共 60 段视频,其中男性 8 名,女性 2 名。平均每段视频 1 分钟,视频通过 eco274CVGE 相机拍摄,帧率为 30fps,单帧图像分辨率 640×480px。同时使用手指夹式脉搏血氧计(pulox CMS50E)进行相应脉搏波的采集,采样频率为 60Hz。受试者包含 6 种姿态,分别是静止不动、交流谈话、水平缓慢移动、水平快速移动、旋转头部 30°、旋转头部 45°并延长相机和受试者之间的距离。

本次实验选用 PURE 数据集除头部旋转姿态以外的所有数据,其中 ID 6 的交流谈话数据(06-02)由于所制作数据有误无法正常使用,所以实验数据共计 39 个视频片段。具体的数据集申请地址可扫描书中提供的二维码获得。

将数据集下载并解压后得到相应的视频数据和真值文件,解压后的文件夹具体结构如下:

```
├── PURE ──────────────────────────────── 数据集名字
|    ├── 01 - 01 ────────────────────────── 目标 1 第 1 个姿态文件夹
|    |    ├── 01 - 01 ──────────────── 目标 1 第 1 个姿态视频/图像文件夹
|    |    └── 01 - 01.json ──────────── 目标 1 第 1 个姿态真值存储文件
|    ├── 01 - 02 ────────────────────────── 目标 1 第 2 个姿态文件夹
|    |    ├── 01 - 02 ──────────────── 目标 1 第 2 个姿态视频/图像文件夹
|    |    └── 01 - 02.json ──────────── 目标 1 第 2 个姿态真值存储文件
|    ...
|    ├── 10 - 06 ────────────────────────── 目标 10 第 6 个姿态文件夹
|    |    ├── 10 - 06 ──────────────── 目标 10 第 6 个姿态视频/图像文件夹
|    |    └── 10 - 06.json ──────────── 目标 10 第 6 个姿态真值存储文件
└──
```

其中,子目录 01-01 中存储对应目标的某一个姿态的图像数据,json 下存储的是所有图像的时间戳信息和与之对应的 PPG 信号、血氧浓度等真值信息。数据集中某 4 个 ID 的示例图像如图 4.5 所示。

4.3.3 实验操作与结果

1. 训练过程

打开代码文件夹,在 meta_params.json 选择相应的参数设置,具体包括模型名字、数据名字、优化器种类、学习率及衰减策略、训练轮次等。待相关参数设置完毕,可运行 main.py 文件进行训练,获取结果,可采用以下两种方式运行 main.py 文件。

(1) Pycharm 运行。使用 Pycharm 集成环境打开相关代码文件,在 main.py 文件中单击"运行"按钮运行代码。

(2) 终端运行。打开终端,cd 到当前工程目录,在终端中运行如下命令操作:

```
python ./main.py
```

目标1　　　　　　　　　目标3

目标7　　　　　　　　　目标9

图 4.5　PURE 数据集中某 4 个 ID 的示例图像

　　训练时,将在终端显示网络运行的损失以及训练轮次等相关参数的变化情况。训练结束后,在 meta_params.json 中设置的模型保存路径下将会发现以.pth 为扩展名的训练模型文件,该模型保存了网络训练中产生的权重信息。

2. 测试过程

　　在 main.py 文件中,将训练过程修改为测试过程,并导入测试模型,选定相关参数,运行 main.py 获取测试结果,具体运行方式在训练过程中已经说明,此处不再阐述。测试结果包括两方面:一是各种生理指标在终端上的直接显示,例如,测试目标当前的心率值,预测 PPG 信号与实际 PPG 信号的误差、相关系数等;另一种是波形图的绘制,如图 4.6 所示,该图展示了测试 ID9 前 100 帧图像的 PPG 波形预测结果。利用傅里叶变换将预测的

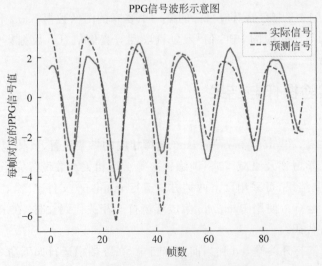

图 4.6　目标 9 前 100 帧图像预测波形图

PPG 信号转换为频域信号,经过带通滤波、去噪、平滑以后计算能量谱,能量谱中最大的幅度值对应的横坐标即为当前一段时间内的呼吸频率,经过时间上的转换,就可以得到目标一分钟的平均呼吸值,例如,该目标经过上述流程后可得到呼吸频率为 25 次/分钟。

4.4　总结与展望

为了降低心血管等疾病的风险,定期监测心率、呼吸率、血压、血氧等情况对个人的健康情况十分重要。目前可以使用视频图像处理技术或者信号处理技术监测目标的各项生命体征,不仅在实验条件下表现出较好的结果,还在实际临床条件下展现出巨大的潜力,通过非接触方法监测各种生命体征信号在人们的生活中发挥着巨大作用。本实验基于深度学习技术和 rPPG 技术实现了目标的呼吸检测,在实际场景中表现出一定的应用可行性,在家庭护理、远程医疗和个人保健等多个领域具有广阔的应用前景。

参考文献

[1]　Scalise L,Marchionni P,Ercoli I. Non-contact laser-based human respiration rate measurement[C]//Proceedings of the AIP Conference Proceedings,2011.

[2]　Van N T P,Tang T,Hasan S F,et al. Combination of artificial intelligence and continuous wave radar sensor in diagnosing breathing disorder[C]//Proceedings of International Conference on Research in Intelligent and Computing in Engineering,2020.

[3]　Guardo R,Trudelle S,Adler A,et al. Contactless recording of cardiac related thoracic conductivity changes[C]//Proceedings of International Conference of the Engineering in Medicine and Biology Society,1995.

[4]　Wu T,Blazek V,Schmitt H J. Photoplethysmography imaging：a new noninvasive and noncontact method for mapping of the dermal perfusion changes[C]//Proceedings of Optical Techniques and Instrumentation for the Measurement of Blood Composition,Structure,and Dynamics,2000.

[5]　Verkruysse W,Svaasand L O,J. S. Nelson. Remote plethysmographic imaging using ambient light[J]. Optics Express,2008,16(26)：21434-21445.

[6]　Yu Z,Li X,Zhao G. Remote photoplethysmograph signal measurement from facial videos using spatio-temporal networks[J/OL]. arXiv：1905.02419,2019.

[7]　Lea C,Flynn M D,Vidal R,et al. Temporal convolutional networks for action segmentation and detection[C]//Proceedings of the IEEE Conference on Computer Vision and Pattern Recognition,2017.

[8]　Stricker R,Müller S,Gross H M. Non-contact video-based pulse rate measurement on a mobile service robot[C]//Proceedings of IEEE International Symposium on Robot and Human Interactive Communication,2014.

## 第 5 章

心 率 检 测

随着计算机技术的不断发展,方便有效的心率检测技术成为人们的迫切需求。作为一种非接触式的心率检测技术,rPPG[1]成为了国内外众多学者的研究热点,rPPG 是指通过相机等传感器捕捉由心脏跳动造成的皮肤颜色周期性变化的无创光学技术。在每一次心跳中,血液的流动过程会引起所测组织区域内部血管中血液容积发生变化,这些变化反映在皮肤表面会呈现出像素的明暗变化,利用光电技术采集皮肤表面像素变化的程度从而获得 PPG 信号,PPG 信号经过滤波、去噪等分离出心率、呼吸等生命体征信号。另外,PPG 信号中包含丰富的生命体征信息,其中可以表示心肺功能的信息(心率、心率变异性等)对心血管疾病的诊断和治疗具有重要意义。

5.1 背景介绍

心率(Heart Rate,HR)/心率变异性/脉搏都是由心脏跳动引起的信号,三者在一般情况下可以统称为心率。实际上,三者仍存在一些不同。其中,心率指普通人在安静状态下每分钟的心跳次数,成年人在安静状态下每分钟 60～100 次,会因为年龄、性别等个人生理状态差异而不同,是人最为基本的生命体征之一。心率变异性是指逐次心跳差异的变化情况,即相邻两次心跳之间的微小差异,包含了心血管系统的神经调节信息,可用作心肺神经功能的评估;心率变异性以静态仰卧状态下 5 分钟心电图的低频功率/高频功率比值作为基准,正常状态下的范围为 1.5～2.0。脉搏又指脉率,是指在人体的体表能够触及到的动脉搏动,一般以每分钟脉搏的次数来计量。心脏的收缩舒张直接影响着动脉的扩张和回缩,因动脉随心脏收缩和舒张而出现的周期性的起伏活动包含了大量的生理信息,可以用于心血管疾病的诊断与预测。

目前人们根据是否需要接触人体将检测心率的技术路线分为两种:一种是接触式的检测技术,另一种是非接触式的检测技术。

(1) 接触式检测技术是指传感器需要接触人们的皮肤或者身体其他相关部位才能获取相应生命体征信号的方法。例如,心电图(Electro Cardio Gram,ECG)[2]通过在胸部贴附电极进行心脏监测,一些基于心冲击图(Ballisto Cardio Graphy,BCG)[3]或者 rPPG 的智能手表或者手环需贴身佩戴才能获取受试者的脉动信号。受到应用场景与装置安装的限制,接触式检测方法存在不可避免的缺陷,例如,脉搏血氧仪等监测设备因其不方便携带,在实际场景中无法做到实时有效检测，并且有些设备(如心电监测仪)需要专业的医护人员进行操作、维护。目前市场上存在一些具有心率、呼吸等监测功能的智能手表、智能手环等可穿戴式产品，因其携带方便备受人们推崇，但对于一些皮肤敏感者、皮肤烧伤患者或者重症术后患者不能适用。

(2) 针对上述接触式检测方法或者设备存在的问题，非接触式的检测技术或相关设备表现出独特的优势。非接触式的心率检测方法是指在不接触人们体表的条件下获取生命体征信号，进而评估身体状态。

本实验基于 rPPG 技术提取目标心率，主要是利用深度神经网络获取受试者的心率值。将 rPPG 技术与深度学习技术相结合，能够有效减少人为主观因素的干扰，提取到鲁棒的特征表示，并且在不断的训练过程中可以有效减少不均匀光照、面部表情等外部噪声的影响。利用深度神经网络检测心率的流程包括视频/图像数据的预处理或人脸检测，将检测到的人脸数据送到神经网络进行训练，对于训练得到的原始 PPG 信号进行降噪、平滑，最后分离出目标心率。基于深度神经网络利用 rPPG 进行心率检测的流程如图 5.1 所示。

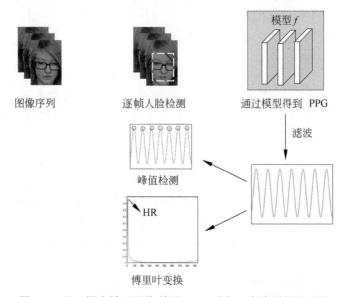

图 5.1 基于深度神经网络利用 rPPG 进行心率检测的流程图

5.2 算法原理

皮肤反射光的细微变化可用于提取人体的生理信号。基于 rPPG 技术进行心率检测，其重点在于对面部光照反射信息的提取与处理，面部反射信息包含着丰富的特征信息，如纹理、边缘等低级信息，也有类似语义信息等高级信息，信息提取方法对心率检测结果是否准确起着重要的作用。本实验所实现的基于深度学习的心率检测算法模型为 DeepPhys[4]，可以有效提取目标的心率。

5.2.1 基于皮肤反射模型的帧差表示

现有的非接触式心率检测技术通常使用相机采集人脸视频，为了建立起光照、相机拍摄以及人脸皮肤生理状态之间的数学模型，早期研究使用了 Lambert-Beer law(LBL)[5] 或 Shafer[6] 的二向反射模型。为了更好地对面部表观颜色变化与帧差表示之间的关系建模，本实验使用由 Chen 所提出的皮肤反射模型，该模型具体如下。

首先，假设光源具有恒定不变的光谱，但强度不同，用以模拟实际场景下的自然光照，然后定义图像中第 k 个皮肤像素的表达式：

$$C_k(t) = I(t)(\boldsymbol{v}_s(t) + \boldsymbol{v}_d(t)) + \boldsymbol{v}_n(t) \tag{5-1}$$

其中，$C_k(t)$ 表示单一 RGB 像素值的向量；$I(t)$ 表示光照强度，光照强度随光源以及光源、皮肤组织和相机的距离而变化；$\boldsymbol{v}_s(t)$ 表示来自皮肤的镜面反射；$\boldsymbol{v}_d(t)$ 表示来自皮肤组织吸收和散射所形成的漫反射；$\boldsymbol{v}_n(t)$ 表示相机传感器量化的噪声。光照强度 $I(t)$、镜面反射 $\boldsymbol{v}_s(t)$、漫反射 $\boldsymbol{v}_n(t)$ 都可通过线性变换分解为静态定量和随时间而变的动态变量之和的形式。

漫反射 $\boldsymbol{v}_d(t)$ 表示为

$$\boldsymbol{v}_d(t) = \boldsymbol{u}_d d_0 + \boldsymbol{u}_p p(t) \tag{5-2}$$

其中，$\boldsymbol{u}_d$ 表示皮肤的单位颜色向量；d_0 表示静态反射强度；$\boldsymbol{u}_p$ 表示由血红蛋白和黑色素吸收所引起的相对脉动强度；$p(t)$ 表示血液脉冲信号。

镜面反射 $\boldsymbol{v}_s(t)$ 可表示为

$$\boldsymbol{v}_s(t) = \boldsymbol{u}_s(s_0 + \Phi(m(t), p(t))) \tag{5-3}$$

其中，$\boldsymbol{u}_s$ 表示光源光谱的单位颜色向量；s_0 与 $\Phi(m(t), p(t))$ 分别表示镜面反射中的固定部分以及发生变化的部分；$m(t)$ 表示所有的非生理变化，如光源闪烁、头部旋转、表情变化等。

光照强度 $I(t)$ 表示为

$$I(t) = I_0 + (1 + \varphi(m(t), p(t))) \tag{5-4}$$

其中，I_0 表示亮度强度的固定部分；$I_0 \varphi(m(t), p(t))$ 表示由相机观察到的强度变化，由于姿态变化和生理状态之间形成的复杂关系，$\varphi(m(t), p(t))$ 通常是复杂的非线性函数。

为了简化上述表达式，由皮肤镜面反射和漫反射所构成的静态分量可表示为

$$\boldsymbol{u}_c c_0 = \boldsymbol{u}_s s_0 + \boldsymbol{u}_d d_0 \tag{5-5}$$

其中，$\boldsymbol{u}_c$ 表示皮肤反射的单位颜色向量；c_0 表示反射强度。将式(5-2)~式(5-5)代入式(5-1)表示的皮肤反射模型，得到更加清晰的皮肤反射模型表达式：

$$C_k(t) = I_0(1 + \phi(m(t), p(t))) \times (\boldsymbol{u}_c c_0 + \boldsymbol{u}_s \varphi(m(t), p(t)) + \boldsymbol{u}_p p(t)) + \boldsymbol{u}_n(t) \tag{5-6}$$

由于时变分量要比固定分量在数量级上小得多，因此可以忽略变化项，$C_k(t)$ 可近似为

$$\begin{aligned} C_k(t) \approx {} & \boldsymbol{u}_c I_0 c_0 + \boldsymbol{u}_c I_0 c_0 \phi(m(t), p(t)) \\ & + \boldsymbol{u}_s I_0 \varphi(m(t), p(t)) + \boldsymbol{u}_p I_0 p(t) + \boldsymbol{u}_n(t) \end{aligned} \tag{5-7}$$

对于任何基于视频的生理信号测量，式(5-7)的目的都是从 $C_k(t)$ 中获取 $p(t)$，然而很多方法都忽略了生理信号与其他因素的联系 $\varphi(m(t), p(t))$ 与 $\Phi(m(t), p(t))$，并假设 $C_k(t)$ 与 $p(t)$ 是单一的线性关系，选取的 $m(t)$ 即皮肤 ROI 区域小且稳定，不受外界光照影响。实际上这种情况并不适用，因此检测信号的精度并不高，需要建立一种新的模型来表示 $C_k(t)$ 和 $p(t)$ 之间的复杂关系。

Chen 等对皮肤反射模型开展了进一步的研究，提出将一种新的标准化帧差作为输入，

这种方法避免了光流法对于亮度恒定这一约束条件的缺点,更加符合实际场景中生理信号 $p(t)$ 动态变化这一事实。根据以往的研究结果,利用空间上的像素平均可以有效减少由相机带来的噪声 $\boldsymbol{u}_n(t)$。实验根据前期的相关研究工作[7],使用双三次插值将每帧图像下采样到 $L \times L$ 像素,并且选取 $L = 36$。因此每个皮肤像素可以表示为

$$C_l(t) \approx u_c I_0 c_0 + u_c I_0 c_0 \varphi(m(t), p(t))$$
$$+ u_s I_0 \phi(m(t), p(t)) + u_p I_0 p(t) \tag{5-8}$$

其中,$C_l(t)$ 表示经过下采样的皮肤像素,$l = 1, 2, \cdots, L^2$ 表示每帧图像的像素标号。

为了减少受试者本身肤色以及光源的影响,应尽可能较少固定分量的影响,并且考虑到处理的图像帧来自短时间窗口,因此可以通过对时间维度 t 进行求导并化简得到:

$$C_l'(t) \approx u_c I_0 c_0 \left(\frac{\partial \phi}{\partial m} m'(t) + \frac{\partial \phi}{\partial p} p'(t) \right)$$
$$+ u_s I_0 \left(\frac{\partial \phi}{\partial m} m'(t) + \frac{\partial \phi}{\partial p} p'(t) \right) + u_p I_0 p'(t) \tag{5-9}$$

对于实际情况,由于光源到图像空间各个像素点的距离不同,导致亮度强度 I_0 在空间上是不均匀分布的,因此可利用亮度在空间上的时间平均化减少亮度强度的影响,经过空间的像素平均得到表达式为

$$\frac{C_l'(t)}{C_l(t)} \approx \mathbf{1} \left(\frac{\partial \phi}{\partial m} m'(t) + \frac{\partial \phi}{\partial p} p'(t) \right) + \mathrm{diag}^{-1}(u_c) u_p \frac{1}{c_0} p'(t)$$
$$+ \mathrm{diag}^{-1}(u_c) u_s \frac{1}{c_0} \left(\frac{\partial \phi}{\partial m} m'(t) + \frac{\partial \phi}{\partial p} p'(t) \right) \tag{5-10}$$

其中,$\mathbf{1} = [111]^T$。在式(5-10)中,$\overline{C_l(t)}$ 需要在短时间窗口上进行计算以防止由非生理变化 $m(t)$ 等引起的问题,在 Δt 足够小的条件下皮肤像素值仅与生理变化 $p(t)$ 相关。式(5-10)可进一步表示为

$$D_l(t) = \frac{C_l'(t)}{C_l(t)} \sim \frac{C_l(t + \Delta t) - C_l(t)}{C_l(t + \Delta t) + C_l(t)} \tag{5-11}$$

其中,$D_l(t)$ 为最终的归一化帧差表示,作为模型的输入,其对应的 PPG 信号真值表示为

$$p'(t) = p(t + \Delta t) - p(t)$$

上述即为完整的基于皮肤反射模型的帧差表示建立过程。

5.2.2 基于注意力机制的外观表示

注意力机制是人类观察事物的一种机制。当人类观察物体时,会自动关注目标的某些信息,在后续的观察中会增加相应的关注度,在有限的条件下获取更多的关键信息。在深度学习中,进行图像分类或检测等任务时也会有需要重点关注的区域,这与人脑的注意力机制很相似,因此在计算机视觉领域,注意力机制也可以发挥良好的作用。

在神经网络中,注意力机制可以理解为放大某些特定区域的信息,即使用掩码对原特征层赋予不同的权重信息,强调局部区域,并通过反复的训练回传使得局部区域的信息加强,形成整个网络的注意力。注意力机制通常是端到端的,并与整个网络共同训练,能够利用梯度下降等方法进行优化。假设神经网络的某一层输出为

$$\boldsymbol{o} = \{\boldsymbol{o}_1, \boldsymbol{o}_2, \cdots, \boldsymbol{o}_n\} \tag{5-12}$$

其中，o_i 表示第 i 个维度的输出向量，经过注意力机制模型赋予不同权重以后表示为

$$Ao_i = f_{Ao}(w_i, o_i) \tag{5-13}$$

其中，f_{Ao} 表示经过注意力机制加权以后的输出模型，w_i 为第 i 个向量的权重，Ao_i 为 o_i 经过注意力模型后的输出。

注意力分为强注意力（hard attention）和软注意力（soft attention）两种。如果选取的掩码是固定的模板，即为强注意力，这种注意力可以使网络关注到预先设定的区域，但不够灵活，且无法与神经网络一同训练。另一种注意力可以随网络一同训练，称为软注意力，它在不同层之间增加了可以微分的权重矩阵，更加灵活高效。目前注意力机制多数都为软注意力。根据注意力机制使用的位置不同又可分为空间注意力与通道注意力机制。本实验使用的为空间注意力机制，空间注意力机制结构如图 5.2 所示。

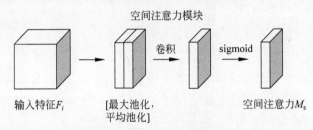

图 5.2 空间注意力机制结构

如图 5.2 所示，将上一网络层的输出特征图 F_i 输入空间注意力模块，经过池化、卷积等操作，使用 sigmoid 对权重进行激活，可得到空间注意力掩码 M_s。将掩码与原输入特征按照空间上的对应关系进行相乘获取加权后的输出，使用了注意力机制的神经网络如图 5.3 所示。

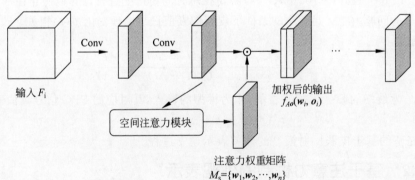

图 5.3 注意力机制的神经网络

指导信息 M_s 的计算表示为

$$M_s = \frac{H_j W_j \sigma(f_j(x_a^j))}{2 \| \sigma(f_j(x_a^j)) \|} \tag{5-14}$$

即输出特征使用激活函数 sigmoid 对 $f_j(x_a^j)$ 进行激活后，利用 L_1 正则化生成掩码。

5.2.3 网络模型

图像的空间信息是人们最常关注，也是最容易获取的信息，在图像的检测、分类等各种任务中占据着重要的地位。在 DeepPhys 中主要使用的是以 VGG-16 为主体的基本网络结

构(帧差表示分支与外观指导分支双分支结构),具体的网络模型结构如图 5.4 所示。所获得的 PPG 信号经过带通滤波、信号平滑去噪、傅里叶变换等操作得到目标心率信号。

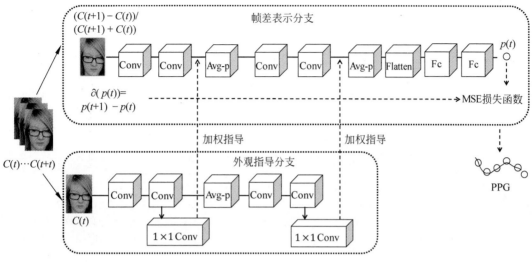

图 5.4　网络模型结构

5.3　实验操作

5.3.1　代码介绍

本实验所需要的环境配置如表 5.1 所示。

表 5.1　实验环境配置

操作系统	Ubuntu 18.04 LTS
开发语言	Python 3.8.8
深度学习框架	PyTorch 1.4.0
相关库	Numpy 1.15.4
	h5py 3.1.0
	Opencv 3.3.0

　　实验代码下载地址可扫描书中提供的二维码获得。工程文件中包含的文件较多,对于本实验而言,仅需关注示例模型 DeepPhys 相关代码文件,因此在下列代码文件目录结构中,仅展示了相关代码文件,其余文件不予展示。

```
----------------------------------------------------------------- 工程根目录
├── log.py----------------------------------------------------- 运行日志文件
├── loss.py---------------------------------------------------- 损失函数选择文件
├── main.py----------------------------------------------------- 主函数
├── meta_params.json------------------------------------------- 参数选择文件
├── models.py-------------------------------------------------- 模型选择文件
├── optim.py--------------------------------------------------- 优化器选择文件
├── parallel.py------------------------------------------------ 数据并行处理文件
├── dataset
│   ├── DeepPhysDataset.py----------------------------------- DeepPhys 数据加载文件
```

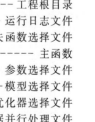

```
|       └── dataset_loader.py--------------------------------数据加载文件
├── nets
|   ├── blocks
|   |   ├── attentionBlocks.py--------------------------------注意力机制代码文件
|   |   └── motionBlock.py-----------------------------------帧差表示代码文件
|   ├── funcs
|   |   └── complexFunctions.py-------------------------------数学计算公式文件
|   ├── layers
|   |   └── complexLayers.py----------------------------------部分网络层文件
|   ├── models
|   |   └── DeepPhys.py--------------------------------------DeepPhys 模型
├── unused
|   └── Facedetect.py----------------------------------------作者构建的人脸检测文件
├── utils
|   ├── dataset_preprocess.py--------------------------------数据处理调用文件
|   ├── image_preprocess.py----------------------------------视频/图像数据库处理文件
|   ├── text_preprocess.py------------------------------------真值数据处理文件
|   └── funcs.py-----------------------------------------------滤波器、波形图绘制等文件
└── README.md--------------------------------------------------说明文件
```

5.3.2 数据集介绍

本实验使用的数据集为 Bobbia 等[8] 制作的 UBFC-RPPG 数据集,UBFC-RPPG 中共 49 个 ID,每个 ID 包含一段长约 1 分钟的视频,该视频数据通过低成本摄像头(Logitech C920 HD Pro)进行录制,帧率为 30fps,分辨率为 640×480px,保存为未经过压缩的 AVI 格式。受试者同时与指夹脉搏血氧仪传感器(Contec Medical CMS50E)相连采集对应的实际 PPG 信号。该数据集目前网上公开的数据 ID 共 43 个,具体的数据集下载地址可扫描书中提供的二维码获得。

将数据集下载并解压后得到相应的视频数据和真值文件,解压后的文件夹具体结构如下:

```
├──UBFC --------------------------------------------------------数据集名字
|   ├── subject1 ----------------------------------------------目标 1 文件夹
|   |   ├── vid.avi---------------------------------------------目标 1 视频文件
|   |   └── ground_truth.txt-----------------------------------目标 1 真值文件
|   ├── subject3 ----------------------------------------------目标 3 文件夹
|   |   ├── vid.avi---------------------------------------------目标 3 视频文件
|   |   └── ground_truth.txt -----------------------------------目标 3 真值文件
|   |
|   ...
|   |
|   ├── subject49 ----------------------------------------------目标 49 文件夹
|   |   ├── vid.avi---------------------------------------------目标 49 视频文件
|   |   └── ground_truth.txt -----------------------------------目标 49 真值文件
└──
```

其中,vid.avi 表示对应目标 ID 下的视频文件,时长在 1 分钟左右,ground_truth.txt 表示对应的 PPG 信号真值文件,根据以往的研究工作,使用其中的第二列作为对应视频帧的 PPG 信号真值。数据集中某 4 个 ID 的示例图像如图 5.5 所示。

图 5.5 UBFC 数据集中某 4 个 ID 的示例图像

5.3.3 实验操作与结果

1. 训练过程

打开文件夹,在 meta_params.json 选择相应的参数,具体包括模型、数据集、优化器种类、学习率、训练轮次等。待所需要相关参数设置完毕,可运行 main.py 文件,选择训练过程,获取训练结果,可采用以下两种方式运行 main.py 文件:

(1)使用 Pycharm 集成环境打开相关代码文件,在 main.py 文件中单击"运行"按钮运行代码。

(2)打开终端,cd 到当前项目目录,在终端中运行如下命令操作:

```
python ./main.py
```

训练时,将在终端显示网络损失以及训练轮次等相关参数的变化情况。训练结束后,在 meta_params.json 中设置的模型保存路径下将会发现以.pth 为扩展名的训练模型文件,该模型保存了网络训练中产生的权重信息。

2. 测试过程

在 main.py 文件中,将训练过程修改为测试过程,并导入测试模型,选定参数,运行 main.py 获取测试结果,具体运行方式在训练过程中已经说明,此处不再阐述。测试结果包括两方面:一是各种生理指标在终端上的直接显示,例如,测试目标当前的心率值,预测 PPG 信号与实际 PPG 信号的误差、相关系数等;另一种是波形图的绘制,如图 5.6 所示,该图展示了测试 ID5 前 300 帧图像的 PPG 波形预测结果。利用傅里叶变换将预测的 PPG 信号转化为频域信号,经过带通滤波、去噪、平滑以后计算能量谱,能量谱中最大的幅度值对应的横坐标即为当前一段时间内的心率,经过时间上的转换,就可以得到目标一分钟的平均心率值,例如该目标经过上述流程处理后可得到当前目标心率为 102 次/分钟。

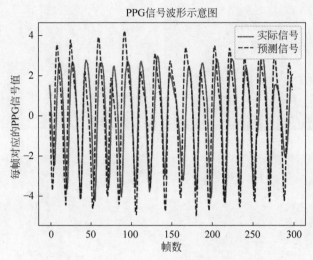

图 5.6 目标 5 前 300 帧图像预测波形图

5.4 总结与展望

随着人工智能技术的发展与进步,智能产品和智能技术已经大量应用到人们日常生活的各个领域,例如,人脸识别、目标检测、自动驾驶、生物医学等。如今,利用人工智能技术辅助日常生活已经成为了一种常态,近年来,随着智慧医疗的概念进入大众的视线中,利用 AI 技术辅助医疗诊治、检测生命指标成为了人们的研究热点。本次实验基于皮肤反射模型的帧差表示实现了目标心率值的提取,此外,还通过引入注意力机制,基于人脸外表空间信息生成加权指导掩码,提升了心率检测的准确性。

心率检测作为其中最基本也最为重要的研究问题之一,一直备受研究学者青睐。本次使用的远程光电容积脉搏波描记法利用视频中人体面部区域的微小颜色变化来提取心率,并对心率提取任务中如何减少光照、面部姿态等外界噪声,提取更具代表性的特征进行了重点讨论,与传统的心率检测方法相比,该技术具有更高的精度和实用性。

参考文献

[1] Verkruysse W,Svaasand L O,Nelson J S. Remote plethysmographic imaging using ambient light[J]. Optics Express,2008,16(26):21434-21445.

[2] Li C,Zheng ,Tai . Detection of ecg characteristic points using wavelet transforms[J]. IEEE Transactions on Biomedical Engineering,1995,42(1):21-28.

[3] Inan O T,Migeotte P E,Park K S,et al. Ballistocardiography and seismocardiography:a review of recent advances[J]. IEEE Journal of Biomedical and Health Informatics,2014,19(4):1414-1427.

[4] Chen W,McDuff D. Deepphys:video-based physiological measurement using convolutional attention networks[C]//Proceedings of European Conference on Computer Vision,2018.

[5] Xu S,Sun L,Rohde G K. Robust efficient estimation of heart rate pulse from video[J]. Biomedical Optics Express,2014,5(4):1124-1135.

［6］ Wang W，Den Brinker A C，Stuijk S，et al. Algorithmic principles of remote PPG［J］. IEEE Transactions on Biomedical Engineering，2016，64(7)：1479-1491.

［7］ Wang W，Stuijk S，De Haan G. Exploiting spatial redundancy of image sensor for motion robust rPPG ［J］. IEEE Transactions on Biomedical Engineering，2014，62(2)：415-425.

［8］ Bobbia S，Macwan R，Benezeth Y，et al. Unsupervised skin tissue segmentation for remote photoplethysmography［J］. Pattern Recognition Letters，2019，124：82-90.

第 6 章

CHAPTER 6

视 线 估 计

新一代头戴式虚拟现实（Virtual Reality，VR）显示设备通常搭载高分辨率的有机电激光显示（Organic Light-Emitting Diode，OLED），能够带来身临其境的视觉体验。同时，其控制器也引入了很多新技术，如手指触碰侦测、触觉反馈以及自适应扳机等，进一步提升游戏体验。目前，除了显示与控制器的巨大提升，还会搭载视线估计（gaze estimation）传感器，通过估计用户的视线，进行视线跟踪，并进一步实现其他应用，比如视觉跟随等，用户可以通过视线与游戏内界面进行交互，提升游戏的沉浸感；另外，注视点渲染以用户注视点为中心，动态调节 VR 屏幕的清晰度，实现注视点中心最清晰、像素密度高，周围边缘清晰度低，像素密度低，这可在降低显卡运算量的同时，保证用户的游戏体验。本实验基于深度学习，通过笔记本、智能手机等前置摄像头即可获取人眼视线信息，可体验视线估计的乐趣。

6.1 背景介绍

人类具有广阔的视野范围，但能够分辨物体细节和颜色的视锥细胞集中分布于视网膜中心区域，人类只能够对视野中心区域具有较高的感知度，其余区域由分辨细节和色彩能力较差的视杆细胞成像，获取类似模糊灰度信息的图像[1]，视网膜成像如图 6.1 所示。这种成像机制的出现是由于人类大脑处理信息的能力是有限的，同一时间只能对一定的目标区域进行感知和分析。视锥细胞集中分布的区域称为中央凹[2]，其能够提供 $1°\sim2°$ 的视角，难以记录完整的环境信息。人类的眼动机制使感兴趣目标的光学成像聚焦于中央凹处，并通过对环境或对象的扫视，建立起完整的视觉感知。视线就是从中央凹通过瞳孔中心连结注视对象的假想连线，其与人类的视觉注意力行为以及其他更深层次的心理活动相关。因此，对视线的精确估计，能够有效量化人类的注意力行为，在人机交互、医疗诊断、辅助驾驶、智慧教育等领域都有广泛的应用前景。

图 6.1 视网膜成像示例

早期的视线估计的实现方法都较为粗糙，且需要复杂的检测设备，往往只适合实验条件下的研究应用，不具备产品化和商业化的应用条件。近年来，随着计算机技术和影像技术的发展,无须佩戴复杂检测装置,直接从远端进行视线估计的方法开始出现,该类方法通过摄像机记录眼球的图像后,由计算机分析处理得到受试者的视线信息。这类方法统称为基于视频的视线估计方法,可细分为基于模型的方法和基于表观的方法。

6.1.1 基于模型的视线估计方法

基于模型的视线估计方法在眼部解剖学的基础上,建立眼球的几何模型,通过摄像机获取眼部图像并通过算法对瞳孔中心、角膜曲率中心等特征进行提取,根据提取的眼部特征间的几何关系、眼球几何模型和视线空间的坐标转换得到视线的估计结果[3]。由于环境光线的复杂变化以及摄像机分辨率的制约,难以直接获取高精度的眼球特征信息,通常会使用点光源或红外光源在眼球上的反射点来辅助完成视线估计。这个过程以照射角膜形成的反射点作为眼球运动的基准点,通过分析基准点指向瞳孔中心位置的向量与视线向量的映射关系来实现视线估计[4]。在实际应用中,角膜反射方法一般需要多个红外和 RGB 摄像头,以及多个近红外线光源,来辅助确定眼球半径、角膜曲率半径等特征信息[5]。

基于角膜反射的视线估计方法稳定性好,在使用多组近红外发射、接收装置的情况下不易受环境中其他光源的影响,目前商业的主流视线跟踪产品大都基于这一技术,如 Tobii 公司的 Eye Tracker 系列眼动仪等。这种方法为建立精准的眼球模型以及适应复杂的环境光线,往往需要多组近红外发射、接收装置。基于角膜反射方法的检测设备如图 6.2 所示。

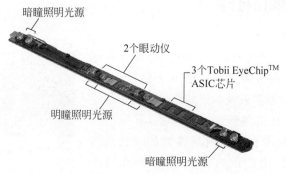

图 6.2 基于角膜反射方法的检测设备

6.1.2 基于表观的视线估计方法

基于表观的视线估计方法以受试者的整个脸部或眼部图像作为输入,不需要显式地建立眼睛几何模型和表观特征点之间的映射关系,而是通过学习的方式建立这一关系。早期的基于表观的视线估计方法首先提取人眼的人工特征,如眼部区域的边缘特征或梯度直方图特征,再使用最近邻[6]、随机森林回归[7]和支持向量机[8]等方法回归到视线向量。这类方法不需要复杂的建模过程和额外的辅助设备,可以直接使用普通摄像头进行视线估计,但同时也存在对头部姿态有限制和实际应用场景中精度不理想的问题。

随着大规模视线估计数据集的收集和公开,以及卷积神经网络的发展,神经网络被应用于视线估计任务中。Zhang 等[9]最早将神经网络用于视线估计,该工作使用一个类 LeNet 的浅层神经网络提取单眼图像的特征,并与头部姿态向量拼接后使用全连接网络回归视线向量,这一工作同时也公开了视线估计领域最常用的数据集 MPIIGaze。基于神经网络的视线估计方法不需要额外的设备,降低了视线估计的使用门槛,但是由于在实际应用场景中,眯眼和佩戴眼镜等会造成眼睛区域的遮挡,从而导致眼部区域特征信息残缺和视线估计模型精度降低。本实验使用的 MSGazeNet[10] 通过深度学习进行视线估计,并针对眼部遮挡的问题进行了优化。

6.2　算法原理

本实验基于 MSGazeNet[10] 网络模型,首先将原始眼部图像进行区域分离,得到虹膜区域掩膜与巩膜可视区域掩膜,得到的区域掩膜与原图像一同输入到视线估计网络中,得到视线估计的结果,实验流程如图 6.3 所示。

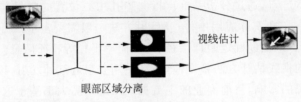

眼部区域分离　　　　　　　视线估计

图 6.3　实验流程示意图

6.2.1　基础知识介绍

1. 眼部表观构造

眼球中的角膜、前房等结构是透明的,一部分眼球内部结构可以通过这些透明结构在表观上体现出来,如巩膜、虹膜、瞳孔等,眼部表观构造如图 6.4 所示。

眼睑
巩膜
瞳孔
虹膜

图 6.4　眼部表观构造示意图

虹膜为中部带圆孔的扁圆形环状薄膜,其中的圆孔叫作瞳孔,瞳孔的周围有呈放射状排列的瞳孔括约肌。强光照射眼睛时,瞳孔括约肌收缩,限制光亮进入;光线微弱时,瞳孔开大肌放大瞳孔,增加光线进入。虹膜与瞳孔的主要作用是控制光线进入眼球的多少,同时也与视线方向密切相关。

虹膜的颜色因其含有色素的多少和分布有所不同,一般有黑色、蓝色、棕色和灰色等几种,但通常与巩膜(眼白)区域分界明显,同时自身几何形状较为规整,利于检测;瞳孔大小会发生变化,且与虹膜在自然光照下难以区分边界,难以准确检测。基于以上理论,本实验中的视线区域分离的目标为完整的虹膜区域与巩膜的可视区域。

2. U-Net 网络

实验进行眼部区域分离的主干网络采用 U-Net 网络结构,U-Net 网络是一种经典医学影像分割网络,其网络结构是对称的 U 形,由一个下采样和一个上采样的过程组成。在下采样过程中,每层都包含一个卷积层和一个池化层,用于提取特征和减少图像尺寸。在上采样过程中,每层都包含一个反卷积层和一个跳接层,用于恢复图像尺寸并将特征信息传递回去。最终的输出是一个与原始输入图像大小相同的二进制掩膜,用于标记每个像素点的类别,U-Net 网络结构如图 6.5 所示。

U-Net 网络通过调整网络结构和参数来适应各种应用场景,具有很强的灵活性和可扩

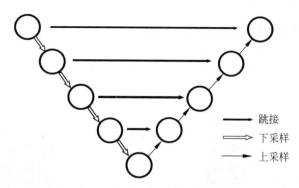

图 6.5　U-Net 网络结构示意图

展性,本实验的眼部区域分离模块基于 U-Net 网络构建,用于分离原始眼部图像的虹膜与巩膜的可视区域。

6.2.2　UnityEyes 合成器介绍

本实验眼部区域分离网络的训练需要有眼睛区域标注的数据集,由于进行眼部区域分离的目的是能够有效地对抗眼部区域遮挡和画质劣化的问题,所以也需要视线分离网络的训练数据集具有类似的噪声。画质劣化的数据可以通过数据增强获得,但是具有眼睛表观区域标签的数据获取困难,标注成本较高。故本次实验采用合成数据的方式,基于 UnityEyes 3D 人眼数据合成器合成眼部区域分离的数据集,数据集包括 RGB 眼部图像、虹膜区域与可视化巩膜区域的关键点坐标,通过多边形拟合与填充可以进一步得到对应区域的掩膜图像,并与眼部 RGB 图像一同用于眼部区域分离网络的训练。

UnityEyes[11] 是一种可以快速生成大量可变眼睛区域图像的生成器,其基于眼部解剖学的理论对眼球进行建模,并使用 Unity 游戏引擎作为渲染器。UnityEyes 的重要部分是眼球表观的模拟,首先生成视线方向,根据视线方向、预设的眼睛玻璃体、晶状体折射性质以及中央凹位置生成眼球内部的光路,然后由光路计算此时瞳孔和虹膜的位置。实际中,每个人的眼球形状(虹膜宽度、瞳孔收缩和扩张)、纹理(瞳孔括约肌形状和虹膜纹理)、质地(虹膜颜色和反射率)各不相同,UnityEyes 预先通过多组来自不同个体的眼部图像提取了一组虹膜纹理,在生成过程中随机选择,虹膜大小与瞳孔大小则围绕 3D 眼球模型表面边界得到不同的组合,并与设定的瞳孔和虹膜位置一同生成眼球表观。最终的表观还需要综合眼睛湿润程度、环境光照以及眼睛外围区域渲染得到。图 6.6 给出了 UnityEyes 模型示例图。

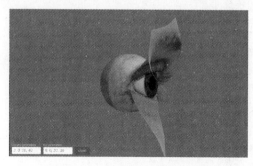

图 6.6　UnityEyes 模型示例图

6.2.3　视线估计网络结构介绍

本实验构建的视线估计网络由眼部区域分离模块与视线估计模块两部分组成,网络结构如图6.7所示。

图6.7　视线估计网络结构示意图

其中眼部区域分离模块基于U-Net网络,网络的结构如表6.1所示。视线估计模块中特征提取基于宽残差块(Wide Residual Block,WRB),宽残差块结构如图6.8所示。

表6.1　眼部区域分离网络结构

模　　块	参　　数	参　数　值
卷积块	输入尺寸	1×36×60
	类型	2D卷积
	层数	2
	卷积核尺寸	3×3
	填充类型	0填充
	激活层	ReLU
下采样层	类型	最大池化
	层数	4
	核尺寸	3×3
上采样层	类型	双线性上采样
	层数	4
	缩放比例	2.0
输出层	类型	2D卷积
	层数	1
	卷积核尺寸	1×1
	激活层	sigmoid

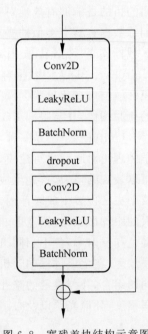

图6.8　宽残差块结构示意图

6.3　实验操作

6.3.1　代码介绍

本实验所需要的环境配置如表6.2所示。

表 6.2 实验环境

操作系统	Ubuntu 20.04 LTS 64 位
开发语言	Python 3.8.8
深度学习框架	PyTorch 1.9.0
相关库	numpy 1.20.2 opencv-python 4.5.2.54 pandas 1.0.5 PyYAML 5.4.1 scikit-learn 0.21.3 scipy 1.4.1

实验的项目文件下载地址可扫描书中提供的二维码获得。通过提供的地址下载代码后,得到代码目录结构如下:

```
MSGazeNet
├────AERI ──────────────────────────────眼部区域分离模块模型代码
│      ├────loader_aeri.py─────────────────────眼部区域分离模块数据加载
│      └────train_aeri.py─────────────────────眼部区域分离模块训练代码
├────configs──────────────────────────────模型训练测试配置文件
│      ├────eyediap_config.yaml───────────────Eyediap 数据集训练测试配置文件
│      ├────mpii_config.yaml──────────────────MPIIGaze 数据集训练测试配置文件
│      └────utm_config.yaml──────────────────UTMultiview 数据集训练测试配置文件
├────figures
│      └────msgazenet.png
├────gaze_estimation──────────────────────UTMultiview 数据集训练测试配置文件
│      ├────eyediap_5fold.py──────────────Eyediap 数据集五折交叉验证训练测试代码
│      ├────mpii_loso.py───────────────────MPIIGaze 数据集留一法训练测试代码
│      ├────reader.py
│      └────utm_3fold.py─────────────────UTMultiview 数据集三折交叉验证训练测试代码
├────models──────────────────────────────────模型文件
│      ├────aeri_unet.py──────────────────────眼部区域分离模块代码
│      ├────msgazenet.py──────────────────────网络整体代码
│      └────unet_parts.py─────────────────────U-Net 子组件代码
├────LICENSE
├────README.md
└────requirements.txt
```

其中,AERI 目录为眼部区域分离模块,包括眼部掩膜加载文件与眼部区域分离模块训练文件;configs 目录为配置文件,包括 3 个不同数据集的训练配置文件;gaze_estimation 目录为 MSGazeNet 的训练测试代码文件,包括 3 个数据集的训练测试代码与视线估计数据集代码;models 目录为模型代码,包括 U-Net 网络单个节点代码、眼部区域分离模型以及 MSGazeNet 整体的代码。

6.3.2 数据集

1. MPIIGaze 数据集

本实验的视线估计模型通过 MPIIGaze 数据集(下载地址可扫描书中提供的二维码获得)进行训练,该数据集包含 213 000 张来自 15 位志愿者的眼部图像与对应视线标签,pitch

范围为$-1.5°\sim20°$,yaw 范围为$-18°\sim18°$,收集时间超过 3 个月。其在第一个基于深度学习的视线估计文献[9]中被公开,这些数据在志愿者日常使用笔记本的过程中收集,包括各种背景光照条件与眼睛遮挡情况,采集的环境如图 6.9 所示。

图 6.9　MPIIGaze 采集的环境示例

数据集文件结构如下:

```
MPIIGaze
├──Annotation Subset
├──Data
│       ├──Normalized
│       └──Original
├──Evaluation Subset
│       ├──sample list for eye image
│       └──annotation for face image
├──ReadMe.txt
└──6 points-based face model.mat
```

下载好的 MPIIGaze 数据集解压后得到如上所示文件结构,MPIIGaze 数据集将采集到的原始头部图像截取眼部区域,以检测对象和日期为单位存储在 MPIIGaze/Data/Original 中,截取得到的眼部区域图像如图 6.10 所示;截取的眼部区域图像经过透视校准和图像规范化后,以检测对象和日期为单位存储在 MPIIGaze/Data/Normalized 中,这也是用于模型训练的主要数据集,如图 6.11 所示。

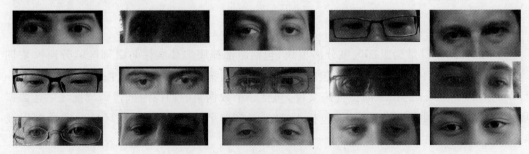

图 6.10　MPIIGaze 数据集眼部区域图像示例

2. 眼部掩膜数据集

除了 MPIIGaze 数据集外,本实验的眼部区域分离网络的训练需要具有眼睛区域标注的数据集,本实验采用合成数据的方式,基于 UnityEyes 3D 人眼数据合成器合成眼部区域分离的数据集,包括 RGB 眼部图像、虹膜区域、可视化巩膜区域的关键点坐标,基于关键点

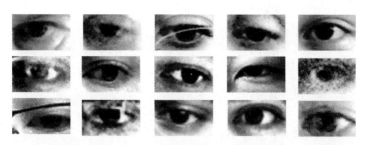

图 6.11　MPIIGaze 数据集规范化图像示例

坐标并通过多边形拟合与填充,得到对应区域的掩膜图像,并与眼部 RGB 图像一同用于眼部区域分离网络的训练。眼部掩膜的生成需要应用 UnityEyes 3D(下载地址可扫描书中提供的二维码获得)。

　　UnityEyes 3D 人眼数据合成工具提供 Window 和 Linux 版本,考虑到应用的稳定性,建议使用 Windows 版本。工具下载完成后单击 unityeyes.exe 文件即可打开工具,工具界面如图 6.12 所示,设置生成的图像分辨率为 1920×1080px,其他为默认,单击"Play!"按钮即可进入模型界面,如图 6.13 所示,单击 start 按钮即可随机生成眼部图像,生成的眼部图像保存在与 unityeyes.exe 文件相同的 imgs 文件夹中,本实验中设定生成 6 万张图像,生成的数据包括眼部图像与相应眼部信息,这些数据将用于眼部区域掩膜的生成。

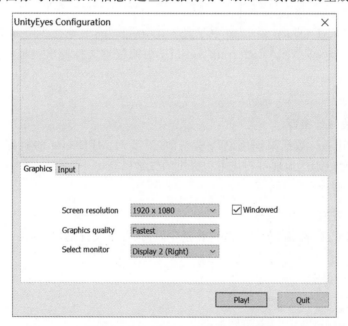

图 6.12　UnityEyes 工具初始界面

　　用于眼部掩膜生成的代码地址可扫描书中提供的二维码获得。运行代码即可根据 UnityEyes 工具生成的数据得到虹膜区域掩膜与巩膜可视区域掩膜,如图 6.14 所示。

6.3.3　实验操作与结果

1. 训练眼部区域分离模型

在 MSGazeNet 文件夹下新建 dataset 文件夹,将合成得到的眼部掩膜数据集存储其中,

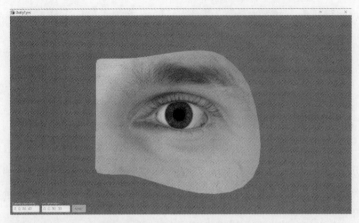

图 6.13　UnityEyes 模型界面

图 6.14　虹膜区域掩膜与巩膜可视区域掩膜示例图

在 MSGazeNe/AERI/loader_aeri.py 中配置 self.image_path 地址为眼部掩膜数据集存储地址，然后配置 MSGazeNe/AERI/train_aeri.py 中的权重文件输出地址并运行，在终端输入命令：

```
$ python AERI/train_aeri.py
```

2. 训练视线估计模型

在使用 MPIIGaze 数据集训练网络模型前，需要对 MPIIGaze 的数据进行处理，用于 MPIIGaze 数据集处理的地址可扫描书中提供的二维码获得。

在终端输入命令：

```
$ python preprocess_mpiigaze.py -- dataset datasets/MPIIGaze - o datasets/
```

得到的数据存储于 MSGazeNe/datasets 目录中，并按如下文件结构存储：

```
Data
├──mpiigaze
│   ├──Image
│   └──Label
...
```

完成以上步骤后，开始训练视线估计模型，运行以下命令对 MPIIGaze 数据集进行留一法训练和测试：

```
$ python gaze_estimation/mpii_loso.py
```

3. 视线估计工具

本实验参考的视线估计代码中没有实时可视化的视线估计演示程序，作为本实验的拓展，提供了完整代码进行演示程序的编写，可扫描书中提供的二维码获得。

本实验同时提供了基于 PyQt5 的 UI 代码,扫描书中提供的二维码获得。

基于以上代码可以实现基础的视线估计工具,如图 6.15 所示。

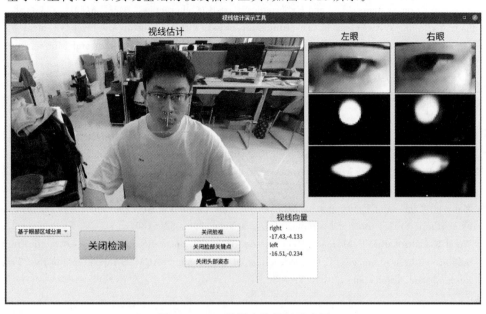

图 6.15　3D 通用人脸模板示意图

6.4　总结与展望

首先介绍了视线估计的发展和研究现状,从传统方法到基于模型的方法再到基于表观的方法,旨在让实验者了解基于表观方法对视线估计应用普及的重要性。接着讨论了实验所涉及的基础知识,包括眼部表观构造、用于眼部区域分离的 U-Net 网络以及用于眼部掩膜生成的 UnityEyes 合成器,同时也阐述了本实验的基础网络结构。最后详细描述了实验步骤,希望实验者能够根据教程完整地构建一个视线估计模型。

本实验中的视线估计方法是基于眼部区域分离的,通过分离眼睛图像的虹膜和巩膜可视区域,从而增强眼部图像特征,最终实现有效的视线估计。然而,由于合成数据图像质量较高,缺少实际遮挡或图像劣化的模拟,因此可以在眼部区域的掩膜生成步骤中添加图像噪声、眼镜遮挡模板、图像光照劣化等,以进一步提升视线估计模型的精度和鲁棒性,感兴趣的读者可以自行探索。

参考文献

[1]　闫国利. 眼动分析技术的基础与应用[M]. 北京:北京师范大学出版社,2018.

[2]　Hildebrand G D,Fielder A R. Anatomy and physiology of the retina[J]. Pediatric Retina,2011, 39-65.

[3]　Wang K,Ji Q. 3D gaze estimation without explicit personal calibration[J]. Pattern Recognition,2018, 79:216-227.

[4]　Guestrin E D,Eizenman M. General theory of remote gaze estimation using the pupil center and

corneal reflections[J]. IEEE Transactions on Biomedical Engineering,2006,53(6):1124-1133.

[5] Villanueva A,Cabeza R. A novel gaze estimation system with one calibration point[J]. IEEE Transactions on Systems,Man,and Cybernetics,Part B (Cybernetics),2008,38(4):1123-1138.

[6] Zhang Y,Bulling A,Gellersen H. Discrimination of gaze directions using low-level eye image features [C]//Proceedings of the International Workshop on Pervasive Eye Tracking and Mobile Eye-Based Interaction,2011,9-14.

[7] Sugano Y,Matsushita Y,Sato Y. Learning-by-synthesis for appearance-based 3D gaze estimation [C]//Proceedings of the IEEE Conference on Computer Vision and Pattern Recognition,2014, 1821-1828.

[8] Funes-Mora K A ,Odobez J M. Gaze estimation in the 3D space using RGB-D sensors:towards head-pose and user invariance[J]. International Journal of Computer Vision,2016,118:194-216.

[9] Zhang X,Sugano Y,Fritz M,et al. Appearance-based gaze estimation in the wild[C]//Proceedings of the IEEE Conference on Computer Vision and Pattern Recognition,2015,4511-4520.

[10] Mahmud Z,Hungler P,Etemad A. Multistream gaze estimation with anatomical eye region isolation by synthetic to real transfer learning[J/OL]. arXiv:2206.09256,2022.

[11] Wood E,Baltrušaitis T,Morency P,et al. Learning an appearance-based gaze estimator from one million synthesised images[C]//Proceedings of the Biennial ACM Symposium on Eye Tracking Research and Applications,2016,131-138.

## 第7章

3D 人脸重建

你是否曾经被游戏中那些精美的人物建模所吸引,却又在自己动手满怀信心地操作,到最后出现一个自己都不忍心看的人脸而感到无奈;又或者在某一部科幻电影中被那些逼真的建模特效所震撼,不断思考这到底是怎么拍出来的。例如,在电影《阿凡达》中,导演卡梅隆使用了 3D 人脸重建技术,将演员的面部表情和动作转化为虚拟角色的表情和动作,从而实现了更加真实的视觉效果,如图 7.1 所示。

图 7.1　电影《阿凡达》宣传海报图

人物建模是大家熟知的一件事,将不同风格的人物呈现给屏幕前的人们离不开这项技术,但是想要做好这件事往往并不容易。一种最容易理解的方法是先利用专用仪器对人脸进行扫描,再利用建模软件重建 3D 人脸,但这种方法需要价格昂贵的仪器设备且过程费时费力。随着深度学习的发展,基于深度学习的 3D 人脸重建技术被相继提出。我们只需要输入一张人脸的 2D 图像,利用深度网络提取图像中的特征,再利用公开的人脸形变模型,就可以方便快捷地得到人脸的 3D 模型。

7.1　背景介绍

人脸 3D 重建就是建立人脸的 3D 模型,根据某个人的一幅或多幅 2D 人脸图像重建出其 3D 人脸模型。常见的 3D 人脸重建技术使用的数据是单一的 2D 面部图像,或同一被摄体在不同照明环境下拍摄的 2D 面部图像等。本实验主要处理自然情景下的 2D 图像,即在街头、户外等非实验环境下所拍摄,具有如遮挡、光照变化等更加丰富的特征。

近年来,3D 人脸重建技术发展迅速,在虚拟现实(Virtual Reality,VR)、通信、游戏和安全等领域的需求日益增加[1]。3D 人脸重建是计算机视觉领域中具有重要研究价值的方向,人们对 3D 人脸重建算法进行了多年研究,从早期对 3D 人脸进行简单的建模和人脸模板变形来生成 3D 人脸,到利用深度学习进行 3D 人脸重建[2],该领域的研究一直得到人们的关注。

基于传统方式的 3D 人脸重建方法通常采用手动建模或者利用统计的方式来对人脸进行建模。手动建模方法可追溯到 1987 年的 Candide 模型,这是一个用来对人脸进行编码的模型,现在的 Candide 3 模型由 113 个特征点和 168 个三角面片组成,可用于人脸表情识别和动画等领域。在后续研究中,Vetter 等[3]于 1999 年进一步提出了 3D 可形变模型(3D Morphable Model,3DMM),这种方法将人脸看作 3D 空间中由固定的点数组成的一个物体,它的核心思想就是人脸可以在 3D 空间中进行匹配,能够通过一组特定的形状和纹理向量来表示。

3DMM 模型被提出后立刻受到了广泛的关注,不断有研究人员对其进行改进并建立新的 3D 形变模型[4]。比较典型的是对 3DMM 模型中的所有点进行精确匹配后得到的巴塞尔人脸模型(Basel Face Model,BFM)[5],其最初由激光扫描的男女各 100 人的人脸数据建立,现在该模型包含约 10 万个数据点用于 3D 人脸重建。还有重点关注人脸表情的 Face Warehouse 模型[6],通过使用体感捕捉的 RGBD 相机来拍摄,其中包括 150 名志愿者的 1 个自然表情和 19 个特定表情。通过标记每一张原始图像中的面部特征点,在特征点匹配的前提下将一个原始的 3DMM 模型进行形变,使得 3D 人脸模型和输入图像的深度数据尽可能匹配,这样就得到一系列的个人独特的表情模型,从而使重建出的人脸模型更具多样性。

基于深度学习的 3DMM 人脸重建方法是指利用深度网络得到输入人脸的特征,从而预测形状和纹理参数,提高计算效率和准确率。其中,著名的有 Dou 等[7]提出的一种分层回归 3DMM 参数的方法,利用网络得到形状和纹理的参数;Richardson 等[8]提出的一种端到端的 3D 人脸重建方法,利用两种网络模型分别回归粗糙的 3DMM 参数和精细化的 3D 人脸;Zhu 等[9]提出 3DDFA 来同时进行人脸的重建与对齐,设计级联回归的卷积神经网络,每一个回归器的输入来自其前一个回归器的输出,并将估计出的参数一步步细化,从而实现了较好的重建效果;Guo 等[10]提出使用轻量化神经网络来回归 3D 人脸参数,通过降低网络的运算量提高重建效率,从而实现了较好的实时性重建;还有一些方法提出了非线性 3DMM 模型来适应人脸面部特征的非线性变化,很好地扩充了 3DMM 模型的表征能力。

总而言之,相较于费时费力地通过扫描重建 3D 人脸,研究如何基于自然场景下的 2D 图像重建出 3D 人脸,可以更加方便快捷地运用到影视和游戏,或者医疗分析和美容等领域。

7.2　算法原理

本实验所用的方法是基于细节表情捕获与动画(Detailed Expression Capture and Animation,DECA)技术[11]的 3D 人脸重建方法,DECA 是一种基于单张静态图像进行 3D 人脸建模的技术。DECA 的主要思路是,面部细节应分为静态的特定个体的细节和动态的依赖于表情的细节,个体的面部所表现出的不同动态细节(即皱纹)取决于其面部表情,但形状的属性保持不变。然而,区分静态和动态的面部细节是一项艰巨的任务。静态的面部细节因人而异,而依赖于面部细节的动态表情甚至对同一个体来说也是不同的。因此,DECA学习了一种表情条件下的细节模型,从特定个体的细节潜在空间和表情空间两方面推断面部细节。

DECA 的具体架构是,输入的单张图像经过两个不同的编码器(E_c 和 E_d),得到 7 个参数:相机参数、反照率参数、光照参数、形状参数、姿态参数、表情参数和细节参数。在粗糙人脸重建部分,形状参数、姿态参数、表情参数经过 FLAME 模型得到一个粗糙的人脸 3D 模型;在细节人脸重建部分,细节参数、姿态参数和表情参数经过细节解码得到一个细化的特定个人的细节位移图,作用于 FLAME 的输出(粗糙人脸模型),得到一个更细化的细节人脸模型(含人脸皱纹等细节);反照率参数经过 BFM 解码出纹理图,BFM 模型的线性反照率子空间被转换为适用于 FLAME 模型的 UV 布局,光照参数经过解码得到光照系数,将相机参数、纹理图、光照系数、粗糙和细节人脸模型输入渲染模型,最终得到渲染图像,渲染图像和原始图像进行比较并计算多种损失。DECA 3D 人脸重建的过程如图 7.2 所示。

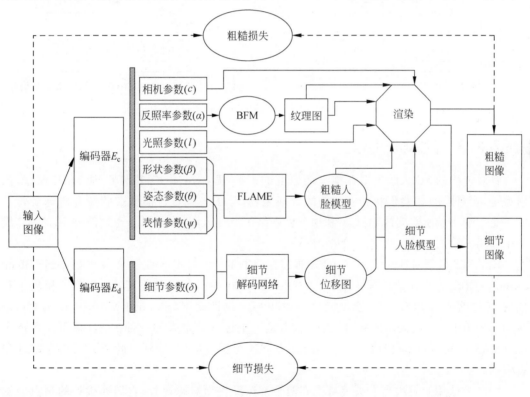

图 7.2　DECA 3D 人脸重建的过程

7.2.1　网络结构介绍

DECA 的编码器 E_c 由 ResNet50 网络与全连接层构成(编码器 E_d 的结构与其相同),以回归出一个潜在编码作为 FLAME 所需的参数,其网络结构如图 7.3(a)所示。可以将网络分为 5 层,其中第 0 层由一个 7×7 的普通卷积和一个最大池化组成。第 1 层到第 4 层结构相似,由重复的 Bottleneck 结构组成,根据输入与输出的差异分为 BTNK1 和 BTNK2,如图 7.3(b)所示,其中 BTNK1 的输入通道数和输出通道数不同,因此在分支右侧添加了 1×1 卷积操作。在 DECA 人脸重建中,输入一个大小为 224×224px 的 3 通道 2D 人脸图像,经过网络后最终得到一个 2048×7×7 的融合特征。

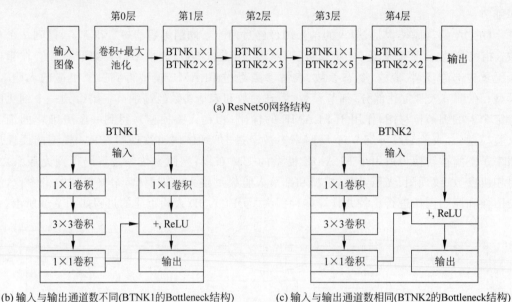

图 7.3　ResNet50 网络结构与 Bottleneck 结构

7.2.2　FLAME 模型

针对传统的 3D 人脸模型在细节还原上的不足,Tianye 等[12]提出了 FLAME 模型,该模型也是一种 3D 人脸形状和表情的统计模型,弥补了人脸重建模型在脖子和眼球旋转上的不足。本实验所实现的 DECA 利用深度网络提取输入图像的特征,通过改变 FLAME 模型中通用人脸的参数实现对人脸的 3D 重建。

FLAME 模型对 33 000 个人的头部数据进行拟合,基于线性混合蒙皮(Linear Blend Skining,LBS)方法并结合融合变形[13](Blendshapes)从 2D 人脸重建 3D 模型。相较于其他的 3D 人脸模型,FLAME 模型借鉴了蒙皮多人线性模型(Skinned Multi-Person Linear Model,SMPL)[14]的表示方式,模型的输出是一个包含整个人的头部的 3D 模型。具体来说,FLAME 模型的输出包含有 5023 个顶点和 4 个关节部位,分别是脖子、下巴、左眼球和右眼球。

LBS 方法用于解决当人头模型中有两个部位发生相对旋转时,它们连接处的顶点会发生怎样的变化。具体来说,假设有两个人体部位可以绕着某个关节进行旋转,在这两个部位中间有一块刚性骨骼作为支撑,它们的连接处一定有共用的顶点,这些顶点组成了皮肤。那么旋转这两个部位后会导致连接处的皮肤发生拉伸,从而会有顶点发生移动进而产生新的皮肤。如果在不进行拉伸前有顶点 a 位于连接处,那么在两个部位旋转后可以理解为它们都带着点 a 进行旋转,因此点 a 便分成了两个不同的顶点 b 和 c,若这两个部位在旋转时移动点 a 的权重相同,则可以得出在新的皮肤上点 a 对应的位置为 $(b+c)/2$。如果计算出所有的连接处的顶点在旋转后的位置,那么就可以计算出旋转后产生的所有新皮肤的位置。

融合变形是一种用于制作面部动画的技术,通过对相邻网格作插值运算,能够将一个模型融合到另一个模型中。结合 FLAME 模型的表示方法,通过融合变形操作将一个人脸模型的参数输入进去,就可以得到变形后的人脸模型,利用融合变形可以很直观地得到人脸模型的形变数据,也就是顶点偏移量,进而使 FLAME 模型能够表示更丰富的 3D 人脸模型。相较于 3DMM 模型,FLAME 模型将参数细化为 3 类,分别是形状参数、姿态参数和表情参数。将上述 3 个参数输入 FLAME 模型中就可以输出 3D 的人的头部模型,如图 7.4 所示是利用 FLAME 模型得到一个人的头部模型的基本步骤。

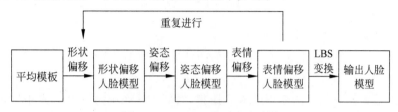

图 7.4 FLAME 模型基本步骤

首先通过大量的数据得到了一个 FLAME 模型的平均模板 T,开始时模板 T 的所有姿态参数都为 0。给定形状、姿态和表情 3 个参数,依次计算 3 个参数使所有顶点产生的偏移量,然后将所有参数的偏移量进行线性加权叠加。通过重复进行上述步骤,就可以得到一个在形状、姿态和表情参数控制下的人的头部模型,再通过 LBS 的操作就可以获得最终的人的头部模型。

7.2.3 损失函数

1. 粗糙人脸重建损失

DECA 模型分为粗糙的人脸重建网络和精细的人脸重建网络。通过训练编码器 E_c,可以回归出一个低维度的潜在编码,这些编码包括相机参数 c、反照率参数 α、光照参数 l、形状参数 β、姿态参数 θ 和表情参数 ψ,细节人脸重建网络需要预测细节参数 δ。E_c 编码出 236 维的潜在空间,在利用 FLAME 模型重建粗糙人脸的过程中,用 100 个作为形状参数,50 个作为表情参数和 50 个作为反照率参数。其他的潜在编码包括 6 个姿态参数,27 个光照参数和 3 个相机参数。粗糙人脸重建的损失计算为

$$L_{\text{coarse}} = L_{\text{lmk}} + L_{\text{eye}} + L_{\text{pho}} + L_{\text{id}} + L_{\text{sc}} + L_{\text{reg}} \tag{7-1}$$

损失共包含 6 部分,分别是人脸关键点重投影损失 L_{lmk}、眼睛闭合损失 L_{eye}、光度损失 L_{pho}、身份(IDentity,ID)损失 L_{id}、形状一致性损失 L_{sc} 及正则化损失 L_{reg}。各损失的计算表达式分别如下。

(1)人脸关键点重投影损失。关键点重投影损失计算基准 2D 脸部关键点 $\boldsymbol{k}_i$ 和 FLAME 模型表面的相应关键点 $\boldsymbol{M}_i \in \mathbf{R}^3$ 投影到图像所产生的差异,该投影通过估计的相机模型实现,损失函数表示为

$$L_{\text{lmk}} = \sum_{i=1}^{68} \| \boldsymbol{k}_i - (s\boldsymbol{\Pi}(\boldsymbol{M}_i) + \boldsymbol{t}) \|_1 \tag{7-2}$$

其中,$\boldsymbol{k}_i$ 表示基准的 68 个人脸关键点之一,$\boldsymbol{M}_i$ 表示 FLAME 模型上预测的人脸关键点。

这里利用正交相机模型将 3D 网格投影到图像空间中,人脸顶点投影到图像中的形式为

$$v = s\boldsymbol{\Pi}(\boldsymbol{M}_i) + t$$

$\boldsymbol{M}_i \in \mathbf{R}^3$ 为 $\boldsymbol{M}$ 中的一个顶点,$\boldsymbol{\Pi} \in \mathbf{R}^{2 \times 3}$ 是 3D-2D 正交投影矩阵,$s \in \mathbf{R}$ 和 $t \in \mathbf{R}^2$ 分别为各向同性尺度和 2D 平移。

(2)眼睛闭合损失。眼睛闭合损失计算上、下眼睑上的关键点 k_i 和 k_j 的相对偏移量,并计算投影到图像中的 FLAME 表面相应关键点 M_i 和 M_j 的偏移量的差异,损失函数表示为

$$L_{\text{eye}} = \sum_{(i,j) \in E} \| k_i - k_j - s\boldsymbol{\Pi}(\boldsymbol{M}_i - \boldsymbol{M}_j) \|_1 \qquad (7\text{-}3)$$

其中,E 是上/下眼睑关键点对的集合。

(3)光度损失计算输入图像 $\boldsymbol{I}$ 和渲染后图像 $\boldsymbol{I}_r$ 之间的差异:

$$L_{\text{pho}} = \| \boldsymbol{V}_I \odot (\boldsymbol{I} - \boldsymbol{I}_r) \|_{1,1} \qquad (7\text{-}4)$$

其中,$\boldsymbol{V}_I$ 是通过人脸分割方法获得的人脸掩膜,面部皮肤区域的值为 1,其他区域的值为 0;$\odot$ 表示 Hadamard 积。仅计算面部区域的误差可增强对常见遮挡的鲁棒性,例如,头发、衣服等遮挡。

(4)ID 损失。这里使用预训练的人脸识别网络 $f(\boldsymbol{I})$ 和 $f(\boldsymbol{I}_r)$ 分别输出输入图像和渲染图像的特征嵌入,然后计算两个特征嵌入的余弦距离:

$$L_{\text{id}} = 1 - \frac{f(\boldsymbol{I})f(\boldsymbol{I}_r)}{\| f(\boldsymbol{I}) \|_2 \cdot \| f(\boldsymbol{I}_r) \|_2} \qquad (7\text{-}5)$$

通过 ID 损失度量两个特征嵌入之间的余弦相似度。通过计算特征嵌入之间的差异,ID 损失会使渲染图像获取个体身份的基本属性,确保渲染图像和输入图像是同一个人。

(5)形状一致性损失。给定同一个体的两幅图像 $\boldsymbol{I}_i$ 和 $\boldsymbol{I}_j$,粗糙人脸编码 E_c 应输出相同的形状参数,即 $\beta_i = \beta_j$。在保持所有其他参数不变的情况下用 β_j 代替 β_i,由于 β_j 和 β_i 表示同一个人的形状,这组新的参数应该能够较好地重构输入图像 $\boldsymbol{I}_i$。因此,形状一致性损失为

$$L_{\text{sc}} = L_{\text{coarse}}(\boldsymbol{I}_i, R(M(\beta_j, \theta_i, \psi_i), B(\alpha_i, l_i, \boldsymbol{N}_{\text{uv},i}), c_i)) \qquad (7\text{-}6)$$

其中,$M(\beta_j, \theta_i, \psi_i)$ 表示在输入形状参数 β、姿态参数 θ 和表情参数 ψ 时输出 3D 模型的映射,得到的是一个粗糙的人脸网格表示,$B(\alpha_i, l_i, \boldsymbol{N}_{\text{uv},i})$ 表示在输入反照率参数 α_i、光照参数 l_i 和人脸表面法向量 $\boldsymbol{N}_{\text{uv},i}$ 时输出的阴影纹理。

(6)正则化损失主要是对形状、表情和反照率进行正则化:

$$E_{\beta} = \| \beta \|_2^2, \quad E_{\psi} = \| \psi \|_2^2, \quad E_{\alpha} = \| \alpha \|_2^2 \qquad (7\text{-}7)$$

其中,E_{β} 表示形状正则化损失,E_{ψ} 表示表情正则化损失,E_{α} 表示反照率正则化损失。

2. 细节人脸重建损失

与粗糙人脸重建类似,通过训练一个编码器 E_d 将输入图像 $\boldsymbol{I}$ 编码为 128 维的潜在编码 δ(细节参数),表示特定个体的静态细节。然后,潜在编码 δ 与 E_c 回归的 50 个表情参数 ψ 和 3 个姿态参数 θ_{jaw} 连接,并通过细节解码器 F_d 解码出 UV 位移图 $\boldsymbol{D}$,从而增强粗糙 FLAME 几何形状。细节重建损失表示为

$$L_{\text{detail}} = L_{\text{pho}\boldsymbol{D}} + L_{\text{mrf}} + L_{\text{sym}} + L_{\text{dc}} + L_{\text{reg}\boldsymbol{D}} \qquad (7\text{-}8)$$

细节人脸重建损失包含 5 部分,分别是光度细节损失 $L_{\mathrm{pho}D}$,隐式多元马尔可夫随机场(ID-MRF)损失 L_{mrf},软对称性损失 L_{sym},细节一致性损失 L_{dc} 和细节正则化损失 $L_{\mathrm{reg}D}$。

(1)光度细节损失。通过细节位移图,渲染的图像 $\boldsymbol{I}'_{\mathrm{r}}$ 包含一些几何细节。与粗糙渲染 $\boldsymbol{I}'_{\mathrm{r}}$ 类似,计算输入图像 $\boldsymbol{I}$ 和渲染后图像 $\boldsymbol{I}'_{\mathrm{r}}$ 之间的差别,V_I 是通过人脸分割方法获得的人脸掩膜,表示皮肤可见的网格区域。光度损失细节表示为

$$L_{\mathrm{pho}D} = \| V_I \odot (\boldsymbol{I} - \boldsymbol{I}'_{\mathrm{r}}) \|_{1,1} \tag{7-9}$$

(2)ID-MRF 损失可用于重建几何细节,给定输入图像和细节渲染,ID-MRF 损失从预训练网络的不同层提取特征块,然后将两幅图像中对应的最近邻特征块之间的差异最小化。ID-MRF 损失在局部块级别将生成的内容正则化为原始输入,这有助于 DECA 获取高频细节,这个过程在 VGG19 的 conv3_2 和 conv4_2 层上进行损失计算:

$$L_{\mathrm{mrf}} = 2L_M(\mathrm{conv4\_2}) + L_M(\mathrm{conv3\_2}) \tag{7-10}$$

其中,$L_M(\cdot)$ 表示从 $\boldsymbol{I}'_{\mathrm{r}}$ 和 $\boldsymbol{I}$ 提取的特征块进行 VGG19 操作的某层特征。与光度损失一样,仅针对 UV 空间中的面部皮肤区域计算 ID-MRF 损失。

(3)软对称性损失。为了增加自遮挡的鲁棒性,添加了软对称损失来正则化不可见的面部部分,该损失表示为

$$L_{\mathrm{sym}} = \| V_{\mathrm{uv}} \odot (\boldsymbol{D} - \mathrm{flip}(\boldsymbol{D})) \|_{1,1} \tag{7-11}$$

其中,V_{uv} 为 UV 空间中的脸部皮肤掩膜,flip()表示水平翻转操作。软对称性损失可以防止在极端姿态时边界伪影在被遮挡的区域可见。

(4)细节正则化损失是通过对细节位移进行正则化:

$$L_{\mathrm{reg}D} = \| \boldsymbol{D} \|_{1,1} \tag{7-12}$$

对细节位移进行正则化可以降低噪声。

(5)细节一致性损失。通过细节一致性能够利用中频细节重建人脸。然而,为了让这些细节重建动画化,需要将 δ 控制的人的特定细节(痣、眉毛和皱纹等)与由 FLAME 的表情参数 ψ 和下巴姿势参数 θ_{jaw} 控制的与表情引起的皱纹分开。与前述的形状一致性类似,两幅图像中的同一个人应该具有相似的粗糙几何形状和个性化细节。从图像 $\boldsymbol{I}_i$ 中提取下颌和表情参数,从图像 $\boldsymbol{I}_j$ 中提取细节代码,并将它们结合起来估计皱纹细节。当在同一个人的不同图像之间交换细节代码时,产生的结果应当保持真实性:

$$L_{\mathrm{dc}} = L_{\mathrm{detail}}(\boldsymbol{I}_i, R(M(\beta_i, \theta_i, \psi_i), A(\alpha_i), F_{\mathrm{d}}(\delta_j, \psi_i, \theta_{\mathrm{jaw},i}), l_i, c_i)) \tag{7-13}$$

相较于形状一致性损失,在这里同一个体的两幅图像 $\boldsymbol{I}_i$ 和 $\boldsymbol{I}_j$,也会有同样的输出,其中,β_i、θ_i、ψ_i、l_i、α_i、$\theta_{\mathrm{jaw},i}$ 和 c_i 为输入图像 $\boldsymbol{I}_i$ 的参数,δ_j 为输入 $\boldsymbol{I}_j$ 的细节参数,$A()$ 是反照率,$D = F_{\mathrm{d}}(\cdot)$ 是细节解码器。

7.3　实验操作

7.3.1　代码介绍

本实验所需要的环境配置如表 7.1 所示。

表 7.1 实验环境

条 件	环 境
开发语言	Python 3.9
深度学习框架	CUDA 11.3 ＋ Pytorch 1.11.0 ＋ Pytorch3d 0.6.2
相关库	numpy 1.18.5 scipy 1.4.1 chumpy 0.69 scikit-image 0.15 opencv-python 4.1.1 scikit-image 0.15 PyYAML 5.1.1 torch 1.6.0 torchvision 0.7.0 face-alignment yacs 0.1.8 kornia 0.4.0 ninja fvcore

实验的项目文件下载地址可扫描书中提供的二维码获得。代码文件目录结构如下：

```
DECA - master ------------------------------------------------------------ 工程根目录
├─configs ---------------------------------------------------用于存放训练参数设置文件的目录
│    └─release_version ---------------------------------------------------------- 子目录
│        └─deca_coarse.yml --------------------------------------------- 粗糙模型训练参数设置
│        ├─deca_detail.yml --------------------------------------------- 细节模型训练参数设置
│        └─deca_pretrain.yml -------------------------------------------- 预训练模型参数设置
├─data -------------------------------------------------------用于存放训练数据和预下载模型
├─decalib ------------------------------------------------------ 用于存放训练所用代码
│    └─__init__.py
│    ├─deca.py --------------------------------------------------- 建立算法整体流程
│    ├─trainer.py --------------------------------------------- 建立算法训练部分整体流程
│    ├─datasets -------------------------------------------- 对训练数据进行处理的文件目录
│        └─build_datasets.py ------------------------------------------- 构建训练数据集
│        ├─train_datasets.py -------------------------------------------定义训练数据集类
│        ├─datasets.py --------------------------------------------- 定义视频类数据和测试数据
│        ├─detectors.py --------------------------------------------- 检测人脸 2D 标记点
│        ├─now.py ------------------------------------------------------- 取 now 数据集
│        ├─aflw2000.py ---------------------------------------------- 取 aflw2000 数据集
│        ├─vggface.py ----------------------------------------------- 取 vggface2 数据集
│        └─vox.py -------------------------------------------------- 取 voxceleb 数据集
│    ├─models ------------------------------------------------ 存放网络模型的文件目录
│        ├─decoders.py --------------------------------------------------- 解码网络模型
│        ├─encoders.py --------------------------------------------------- 编码网络模型
│        ├─FLAME.py ----------------------------------------------------- FLAME 模型
│        ├─frnet.py ----------------------------------------------------- FRNet 网络模型
│        ├─lbs.py -----------------------------------------------------------LBS 变换
```

```
|       └─resnet.py ──────────────────────────── 用于训练的 ResNet50 网络模型
|   └─utils ───────────────────────────────────── 存放工具类函数文件的目录
|       └─config.py ───────────────────────────────── 所有文件的配置文件
|       ├─lossfunc.py ──────────────────────────────────定义损失函数
|       ├─renderer.py ───────────────────────────────对重建模型进行渲染
|       ├─tensor_cropper.py ────────────────────────── 人脸图像裁剪
|       ├─trainer.py ───────────────────────────────── 训练操作配置文件
|       └─util.py ──────────────────────────────────────── 工具类函数
├─demos ───────────────────────────────────── 测试重建效果文件的目录
|   └─demo_reconstruct.py ────────────────────────── 人脸重建参数配置文件
|   ├─demo_teaser.py ───────────────────────────────── 表情迁移配置文件
|   ├─demo_transfer.py ───────────────────────────── 制作动画的配置文件
├─TestSamples ──────────────────────────────── 用于存放测试数据的目录
├─main_train.py ──────────────────────────────────────运行训练代码
├─README.md ─────────────────────────────────────── 说明文件
└─requirements.txt ─────────────────────────────────── 相关库说明文件
```

7.3.2　数据集介绍

本实验用到的训练数据集为 VGGFace2 数据集和 VoxCeleb2 数据集。

1. VGGFace2 数据集

VGGFace2 是一个大规模人脸识别数据集，包含 9131 个受试者的 331 万张图像。该数据集中的图像是从谷歌图像搜索中下载的，包含了不同姿态、年龄、光照和背景的人脸图像，其中约有 59.7% 的男性。除了个体信息之外，数据集还包括人脸框、5 个基准关键点以及估计的年龄和姿态信息。数据集分为训练集和测试集，其中训练集包含 8631 类，测试集包含 500 类。评测场景可以按姿态模板和年龄模板分为两类。对于姿态模板来说，每个模板由姿态一致的同一受试者的 5 张面部图像构成；对于年龄模板来说，每个受试者有两个年龄段模板，每个模板由 5 张面部图像构成。这个数据集有以下几个特点：受试者人数较多，且每个个体包含的图像个数也较多；数据集涵盖了大量的不同姿态、年龄和种族的人脸信息；在对数据集整理后所包含的噪声数据较少。

2. VoxCeleb2 数据集

VoxCeleb2 包含了 YouTube 的 6000 多位演讲者的视频，该数据集性别分布比较均衡，61% 的发言者是男性，视频中演讲者的身份涉及不同的种族、口音、职业和年龄。语音场景也非常丰富，包括红毯走秀、室外场馆、室内录影棚等；声音采集系统包括专业和手持终端设备，背景噪声有交谈声、笑声以及不同的场景声音。数据集还提供了对视频中演讲者面部的检测和跟踪数据，其中的人脸面部图像具有姿态、光照、图像质量和运动模糊的变化。总体来说，VoxCeleb2 数据信息十分丰富，该数据集可用于音频和面部检测，数据分布情况如图 7.5 所示。

图 7.5(a) 给出了数据集中的视频长度分布，长度小于 20s 的视频以 1s 为间隔进行分类，将所有长度不小于 20s 的视频统一作为一类；图 7.5(b) 描述了数据来源的性别分布；图 7.5(c) 展示的是国籍分布部分。

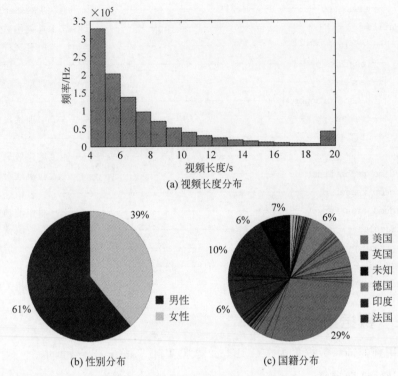

(a) 视频长度分布

(b) 性别分布　　　　　　　　(c) 国籍分布

图 7.5　VoxCeleb2 数据集构成情况

7.3.3　实验操作与结果

1. 准备工作

(1) 下载代码(下载地址可扫描书中提供的二维码获得)。

(2) 下载 FLAME2020。FLAME2020 是德国马普研究所做的 FLAME 模型,其官网地址可扫描书中提供的二维码获得。登录官网后先要注册账号,然后在 Download 页面下载文件 FLAME 2020 (fixed mouth,improved expressions,more data),下载后的文件 FLAME2020.zip 直接解压,把其中的 generic_model.pkl 复制到. /data 目录下。

(3) 下载 FLAME_albedo_from_BFM.npz。该文件用于将 BFM 模型转换成 FLAME 模型,可扫描书中提供的二维码获得。下载的内容是一个项目文件,然后按照 README 方法进行操作,将运行后生成的 FLAME_albedo_from_BFM.npz 文件存在. /data 目录下。

(4) 安装环境。首先安装 requirements.txt 中所有的依赖包,再安装 pytorch3d 环境。pytorch3d 下载地址可扫描书中提供的二维码获得。配套的 CUDA 和 Pytorch 的下载可以直接从其官网按照计算机配置选择下载。

2. 训练过程

(1) 准备训练数据,在 README 文件中可以找到训练数据集的下载地址。其中,VGGFace2 数据集和 VoxCeleb2 数据集下载地址均可扫描书中提供的二维码获得。将训练数据下载好后可以放在自定义的目录下,然后对数据进行预处理,生成人脸的 68 个 2D 检测标记点和人脸区域的分割图。利用两种公开的方式(均可扫描书中提供的二维码获得)完成这项工作,一个是使用 FAN 算法标记人脸 2D 关键点;另一个是使用 face_segmentation

算法标记人脸区域。

（2）下载人脸识别训练模型。利用 VGGFace2-pytorch 中的模型计算损失函数中的身份损失，将下载文件复制到./data 目录下，下载地址可以从 README 中找到。

（3）配置训练数据。在./decalib/datatests/目录下有 train_datasets.py 文件，同时还有 vggface.py 文件和 vox.py 文件，按照准备好的数据集，查找对应的读取训练数据的程序，需要修改的文件路径信息如表 7.2 所示。如果是 VGGFace2 数据集，则在 vggface.py 文件中修改文件的路径信息，其中的第 24 行和第 26 行分别是训练集和验证集数据的列表路径。如果是 VoxCeleb2 数据集，则在 vox.py 文件中修改文件路径，cleanlist_path 是存放训练集视频片段的列表路径。

表 7.2　需要修改的文件路径信息

名　称	含　义
self.imagefolder	存放人脸图像的路径
self.kptfolder	存放人脸检测标志点标注的路径
self.segfolder	存放人脸区域分割标注的路径

（4）修改训练参数配置文件。在./configs/release_version/目录下有对应的 3 个训练参数配置文件：deca_pretrain.yml、deca_coarse.yml 和 deca_detail.yml，可对其相应的设置参数进行修改，如表 7.3 所示。deca_pretrain.yml 是预训练模型配置文件，output_dir 表示训练好的模型的存放地址，pretrained_modelpath 表示如果有已经训练好的模型，也可以作为预训练模型放进去。再修改粗糙模型配置文件 deca_coarse.yml 和细节模型配置文件 deca_detail.yml，output_dir 表示训练好的模型的存放地址，将已经训练好的 pertrain 模型作为 deca_coarse.yml 的 pretrained_modelpath，将已经训练好的 coarse 模型作为 deca_detail.yml 的 pretrained_modelpath。同时根据硬件情况，可以适当调整训练参数。

表 7.3　训练参数配置文件

名　称	含　义
output_dir	训练好的模型的存放地址
pretrained_modelpath	预训练模型的存放地址
batch_size	每次训练图像数量
max_epochs	训练次数
checkpoint_steps	断点续训的批次

（5）开始训练。运行根目录下的 main_train.py 文件，依次执行 3 个模型的训练文件：

```
python main_train.py -- cfg configs/release_version/deca_pretrain.yml
python main_train.py -- cfg configs/release_version/deca_coarse.yml
python main_train.py -- cfg configs/release_version/deca_detail.yml
```

3. 测试过程

（1）准备模型。可以将训练好的模型文件 deca_model.tar 放在./data 目录下，也可扫描书中提供的二维码获得地址下载已训练好的模型。

（2）准备测试数据。选一张或几张要测试的图像放在./TestSamples/examples 目录下。

（3）人脸重建。找到./demos 目录下的 demo_reconstructor.py 文件，设置参数如表 7.4

所示。运行 demo_reconstructor.py 文件,可以看到部分结果如图 7.6 所示。图 7.6(a)~
图 7.6(c)分别是输入图像、2D 人脸关键点和 3D 人脸关键点,图 7.6(d)~图 7.6(f)分别是
粗糙人脸模型、细节人脸模型和深度人脸模型。

表 7.4　人脸重建参数设置

名　　称	含　　义
--inputpath TestSamples\examples	表示测试图像的存放路径
--savefolder TestSamples\examples\results	表示重建结果的存放路径
--saveDepth True	表示保存重建结果的深度图
--saveObj True	表示保存重建模型的点云格式文件
--rasterizer_type pytorch3d	表示选用 pytorch3d 环境进行重建

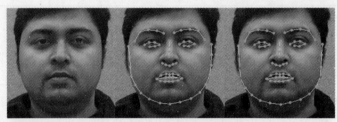

(a) 输入图像　　　　(b) 2D人脸关键点　　　　(c) 3D人脸关键点

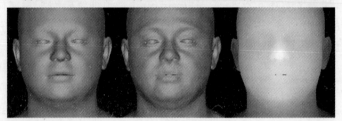

(d) 粗糙人脸模型　　　(e) 细节人脸模型　　　(f) 深度人脸模型

图 7.6　重建结果图

(4) 表情迁移。找到./demos 目录下的 demo_transfer.py 文件,设置参数如表 7.5 所
示,其他设置参数可参考表 7.4。运行 demo_transfer.py 文件,部分结果如图 7.7 所示,从
左到右分别是输入图像、细节人脸模型和表情迁移后的人脸模型。

表 7.5　人脸表情迁移参数设置

名　　称	含　　义
--image_path TestSamples\examples\	表示输入图像的路径
--exp_path TestSamples\exp\	表示将要迁移的表情的图像路径

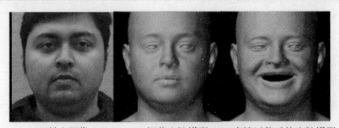

(a) 输入图像　　　(b) 细节人脸模型　　(c) 表情迁移后的人脸模型

图 7.7　表情迁移结果图

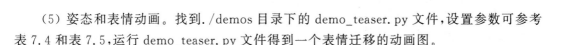

（5）姿态和表情动画。找到./demos 目录下的 demo_teaser.py 文件,设置参数可参考表7.4和表7.5,运行 demo_teaser.py 文件得到一个表情迁移的动画图。

7.4　总结与展望

3D 人脸重建能够从输入的 2D 图像中重建出 3D 的人脸模型,在影视和医疗领域具有广泛的应用前景。但传统的统计方法不仅耗时耗力,而且重建出的人脸模型精确度也不高。随着深度学习技术的发展,利用深度学习代替人力进行重复计算能够很好的解决上述问题。近年来,更是有着诸多结合深度学习的 3D 人脸重建方法出现。

基于 3D 可变形人脸模型的方法是指利用一个预先构建的参数化的人脸模型,通过优化或回归的方式,从输入的人脸图像中估计出模型的参数,从而得到对应的 3D 人脸。这种方法的优点是可以利用模型的先验知识来约束重建结果,提高重建精度和鲁棒性;缺点是需要一个高质量的人脸模型,而且模型的表达能力受到参数个数和训练数据的限制,难以适应多样化和复杂的人脸变化。

基于直接回归或生成的方法是指直接利用深度神经网络,从输入的人脸图像中回归或生成 3D 人脸的形状或纹理等信息,不需要依赖于预先构建的人脸模型。这种方法的优点是可以充分利用深度学习的强大表达能力,适应多样化和复杂的人脸变化;缺点是需要大量的带有真实 3D 信息的训练数据,而且重建结果可能不够精确和稳定。

基于弱监督或无监督学习的方法是指在缺少或不完整的真实 3D 信息的情况下,利用深度神经网络从输入的人脸图像中重建出 3D 人脸,通过一些弱监督或无监督的损失函数来约束网络的学习过程。这种方法的优点是可以减少对真实 3D 信息的依赖,降低数据标注和采集的成本;缺点是需要设计合适和有效的损失函数,而且重建结果可能不够精确和鲁棒。

总体来说,基于深度学习的 3D 人脸重建技术在近年来取得了显著的进展,是一项具有重要意义的研究课题。

参考文献

［1］　Bai Z,Cui Z,Liu X. Context tracker: riggable 3d face reconstruction via in-network optimization ［C］//Proceedings of the IEEE Conference on Computer Vision and Pattern Recognition,2021.

［2］　朱磊. 基于单幅图像的 3D 人脸重建深度学习算法研究［D］. 南京:南京信息工程大学,2022.

［3］　Blanz V,Vetter T. Context tracker:A morphable model for the synthesis of 3D faces［C］// Proceedings of International Conference on Computer Graphics and Interactive Techniques,1999.

［4］　田颐. 基于 3D 可形变模型的人脸重建技术［D］. 长沙:湖南师范大学,2021.

［5］　Booth J,Roussos A,Ponniah A. Large scale 3D morphable models［J］. International Journal of Computer Vision,2018,126(2):233-254.

［6］　Cao C,Weng Y,Zhou S. Facewarehouse:a 3d facial expression database visual computing［J］. IEEE Transactions on Visualization and Computer Graphics,2013,20(3):413-425.

［7］　Dou P,Shah K,Kakadiaris A. Context tracker:End-to-end 3D face reconstruction with deepneural networks［C］//Proceedings of the IEEE Conference on Computer Vision and Pattern Recognition, 2017.

［8］ Richardson E，Sela M，Or-El R. Context tracker：Learning detailed face reconstruction from asingle image［C］//Proceedings of the IEEE Conference on Computer Vision and Pattern Recognition，2017.

［9］ Zhu X，Liu X，Lei Z. Face alignment in full pose range：a 3D total solution［J］. IEEE Transactions on Pattern Analysis and Machine Intelligence，2017，41(1)：78-92.

［10］ Guo J，Zhu X，Yang Y. Context tracker：Towards fast accurate and stable 3d dense facealignment［C］//Proceedings of the European Conference on Computer Vision，2020.

［11］ Feng F，Feng H，Black M J，and T. Bolkart. Learning an animatable detailed 3D face model from in-the-wild images［J］. ACM Transactions on Graphics，2021，40(4)：1-13.

［12］ Li T，Bolkart T，Black M J，et al. Learning a model of facial shape and expression from 4D scans［J］. ACM Transactions on Graphics，2017，36(6)：1-17.

［13］ Loper M，Mahmood N，Romero J. SMPL：a skinned multi-person linear model［J］. ACM Transactions on Graphics，2015，34(6)：1-16.

［14］ Li P，Aberman K，Hanocka R. Learning skeletal articulations with neural blend shapes［J］. ACM Transactions on Graphics，2021，40(4)：1-15.

## 第 8 章

3D 目标检测

目标检测作为环境感知的重要组成部分,具有十分重要的意义。当前目标检测技术主要包含 2D 目标检测与 3D 目标检测两类。目前基于深度学习的 2D 目标检测算法相对成熟,以 Faster R-CNN 和 YOLO 为代表的 2D 检测算法被广泛应用于实际生产和日常生活中,但是检测的结果仅能检测目标在图像中的 2D 位置,不能获取目标在空间中的深度信息,因此对于无人驾驶等需要获取物体真实空间位置的需求显得有些力不从心。3D 目标检测不同于 2D 目标检测,3D 目标检测返回的 3D 边界框可以有效标注物体的深度信息,能够反映出物体更真实和立体的位置,为无人驾驶等应用提供有效的决策信息。

8.1 背景介绍

传统的目标检测算法基于先验知识人工设计特征提取器和分类器,因此检测效果往往取决于特征提取器和分类器的性能。早期特征提取方法基于图像本身的特征进行提取,主要包含预处理、特征提取、特征处理 3 个步骤。常见的传统特征有 Harris 特征[1]、尺度不变特征变换(Scale Invariant Feature Transform,SIFT)[2]、方向梯度直方图(Histogram of Oriented Gradients,HOG)[3]、局部二值模式(Local Binary Pattern,LBP)[4]等,尤其是基于 SIFT 特征的算法,使得基于人工设计特征的传统目标检测算法取得了极大的进步。然而这些算法仅依靠分类器对特征的匹配来对目标进行分类,并且特征提取器是根据某特定目标设计的,因此只能提取特定目标的特征,目标检测也仅仅是针对特定目标的检测,适用场景较为单一。

随着深度学习的兴起和卷积神经网络的发展,研究学者开始使用卷积神经网络(Convolutional Neural Networks,CNN)代替了人工特征的提取。2013 年,Sermanet 提出目标检测算法 OverFeat[5],在 ILSRVC2013 目标检测竞赛中获得了冠军,标志着目标检测正式进入深度学习时代。3D 目标检测相较于 2D 目标检测,能够检测出物体的位置、方向、大小和空间场景信息,近年来,由于深度学习的飞速发展,3D 目标检测研究取得了巨大的进展。目前关于 3D 目标检测的主要研究方向根据检测数据不同大致可以分为基于图像的 3D 目标检测、基于激光雷达点云的 3D 目标检测和多传感器融合的 3D 目标检测 3 类。

8.1.1 基于激光雷达点云的目标检测方法

点云数据是由激光雷达采集的场景信息数据,由场景中许多密集的空间几何信息构成,与图像数据相比,点云数据在空间目标位置判定、方向和姿态检测上有着很大的优势。Douillard 等[6]将点云映射为图,使用聚类算法将点云聚类生成候选区,然后进行 3D 目标检测。Li 等[7]首次提出将点云数据映射为 2D 深度图并作为 2D CNN 的输入,使用全卷积神经网络(Fully Convolutional Networks,FCN)进行 3D 目标检测,但是点云数据在转化时会损失很多信息,且 2D CNN 不能很好地利用投影后的点云映射图中的深度信息。Li 等[8]在保留核心思想的基础上将 2DFCN 扩展为 3DFCN,直接在 3D 点云上进行检测,取得了较好的检测结果。由于基于点云的目标检测方法在目标位置、方向、姿态上的检测优势,该类方法已经成为当前常用的 3D 目标检测算法。

8.1.2　基于多传感器融合的 3D 目标检测方法

RGB 图像包含丰富的语义信息,适用于图像分类等任务。加入深度信息形成的 RGB-D 图像包含更多的信息,但与点云数据相比,在空间信息方面仍有欠缺,点云虽然包含极为丰富的场景空间信息,但是在分类任务中的分类效果不如 RGB 图像,因此,目前很多环境感知系统都采用多模态融合的方式进行。Chen 等[9]提出的 MV3D 网络利用点云的俯视图、点云的前视图和图像作为输入,从点云俯视图的角度得到 3D 候选框,并投影到点云前视图的特征图部分进行融合,能明显提高 3D 目标检测精度。Liang 等[10]使用图像和点云融合,首先使用卷积神经网络从 RGB 图像提取特征,然后映射回点云俯视图,使用两个子网络分别从 RGB 图像和点云俯视图提取特征,也能有效提升目标检测的精度。基于多传感器融合的目标检测可以结合多传感器的优势对场景目标进行检测,既可利用 RGB 的语义信息,又可结合点云数据的场景空间信息,充分发挥了各种数据的优势,但是这种多传感器融合的检测也存在一个问题,即如何处理好各个传感器之间的同步问题。在实际应用中,多传感器之间的同步也会出现一些偏差,因此结果也会出现较大的误差。

8.1.3　基于图像的目标检测方法

与传统的需要激光雷达的多传感器 3D 目标检测系统相比,基于图像的 3D 目标检测系统只需配置价格便宜的相机即可。而且,相比于激光雷达,光学传感器的传感方式有许多优点,如更高的空间分辨率、更广泛的图像信息、更低的设备成本、更容易维护及使用更灵活等。

2014 年,Gupta 等[11]就在 R-CNN 的基础上提出了 Depth R-CNN 网络模型,可以对深度图像中深度信息进行提取。为了有效消除深度图像受光照、遮挡、纹理差异、形状差异等干扰因素的影响,Song 等[12]通过采用计算机渲染的动画模型对网络进行训练,取得了很好的效果。Cai 等[13]在 AlexNet 网络基础上进行改进,通过使用包含多层感知机的卷积层代替原有的线性卷积层,提高了模型对特征提取的抽象化程度,使得提取的特征更具鲁棒性,在 RGB-D 图像上的检测效果得到约 4% 的提升。这类基于 RGB-D 的 3D 检测被称为 2D 驱动的 3D 目标检测,但 RGB-D 对于深度信息的表达仍不如激光雷达点云数据,因此,基于点云的 3D 目标检测成为当前主流的研究方向。

8.2　算法原理

在本实验中,所实现的模型是 PointPillars[14],该模型因速度快、精度高的优势而被广泛应用在工业领域中进行 3D 目标检测。

PointPillars 是一个基于点云的快速 3D 目标检测网络,能够接受点云作为模型的输入,并可以对图像中的汽车、行人等目标回归出 3D 检测框,具体结构如图 8.1 所示,该网络主要包含 3 部分:将点云转换为稀疏伪图像的特征编码器网络;可将伪图像处理成高级特征表示的特征提取网络;用于检测和回归目标 3D 框的检测器。

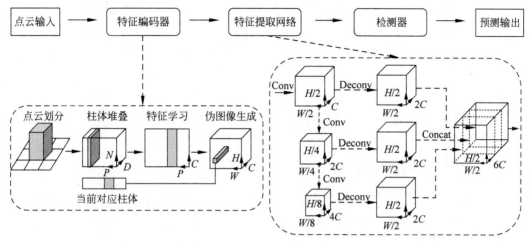

图 8.1 PointPillars 模型结构图

8.2.1 特征编码器网络

为了获取点云数据的高级特征表示,需要使用柱编码(pillar encoder)将点云数据转换为伪图像,具体的实现过程如图 8.2 所示。

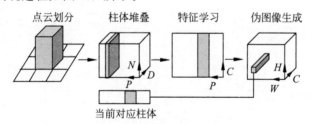

图 8.2 点云数据转换为伪图像流程图

1. 点云数据划分

首先根据输入点云数据的 X-Y 轴将点云数据划分到不同网格,只要是落入到一个网格的点云数据就被视为其处在一个柱体(pillar)里,或者理解为它们构成了一个柱体,每个点云可用一个 9 维向量表示,例如,第 i 个点云 $\boldsymbol{P}_i$ 表示为

$$\boldsymbol{P}_i = (x, y, z, r, x_c, y_c, z_c, x_p, y_p) \tag{8-1}$$

其中,x、y、z、r 分别表示该点云的 3D 真实坐标与反射强度;x_c、y_c、z_c 表示该点云所处柱体中所有点的几何中心;x_p、x_p 可具体表示为 $x-x_c$、$y-y_c$,即在 X 轴和 Y 轴上点与几何中心的相对位置。

2. 柱体张量生成

假设每个样本中有 P 个非空的柱体,每个柱体中有 N 个点云数据,点云维度为 D,那么这个样本就可以用一个张量 (D, P, N) 表示,为了保证每个柱体中恰好有 N 个点云数据,

对超出 N 个点云的柱体随机采样至 N 个,少于 N 个点云数据的柱体使用 0 值进行填充,最终获取张量 (D,P,N) 格式的堆积柱体。

3. 柱体特征提取

得到堆积柱体后,利用简化的 PointNet[15] (即使用多个多层感知机)对张量化的点云数据进行处理和特征提取(分别对每个柱体中的 N 个点云数据进行 MLP 变换)。特征提取可以理解为对点云的维度进行处理,原来的点云维度 D 为 9,处理后的维度为 C (通过 MLP 进行升维处理,通常 $C>D$),则获得一个张量 (C,P,N)。接着,按照柱体所在的维度进行最大池化操作,即获得了 (C,P) 维度的特征图。

4. 柱体特征重定位

为了获得伪图像,将 $(1,P)$ 的柱体重塑为 (W,H) 的柱体(复原柱体的 X-Y 位置信息),最终得到了形如 (C,H,W) 的伪图像。

8.2.2 特征提取网络

算法使用了与 VoxelNet 类似的主干网络。主干网络由两个子网络构成:一个是自上而下的网络以越来越小的空间分辨率产生特征;第二个网络起到上采样和串联的功能,具体结构如图 8.3 所示。

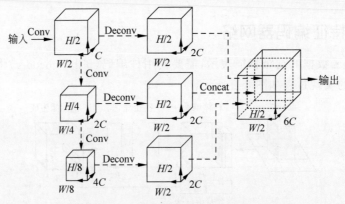

图 8.3 特征提取网络结构图

自上而下的网络主干可以用一系列块 (S,L,F) 来表示所提取的特征。对于每个块,以步长 S (相对于原始输入伪图像的比例,下采样 S)进行特征提取;每个块有 L 个 3×3 的 2D 卷积层(图示 3 个 Conv)和 F 个输出通道,每个通道后面接有 BN 层和一个 ReLU。

每个自上向下块的最终特征通过上采样和级联进行组合,具体过程如下所示:

(1)使用 F 个 2D 反卷积对所提取的特征进行上采样,该过程表示为 $\mathrm{Up}(S_{\mathrm{in}},S_{\mathrm{out}},F)$,即从初始步长 S_{in} 上采样,到最终步长 S_{out}(相对于原始输入伪图像的比例);

(2)利用 BN 和 ReLU 等操作处理上采样的特征;

(3)最终输出特征是来自不同步长的所有特征的拼接串联。

8.2.3 检测器

在本模型中,基于 3D 的 SSD(Single Shot multi-box Detector)实现最终的 3D 目标检测。与早期 SSD 网络类似,使用 2D 中的交并比将先验框与真实框进行匹配。然而,相比于以往的 2D 网络,该 3D 目标检测器不直接对边界框的高度和深度进行匹配,而是在进行 2D 检测框匹配以后,高度和深度成为额外的回归目标。

8.2.4 损失函数

所使用的损失函数为定位损失、分类损失与方向损失的合成,具体表达式为

$$L = \frac{1}{N_{pos}}(\beta_{loc}L_{loc} + \beta_{cls}L_{cls} + \beta_{dir}L_{dir}) \tag{8-2}$$

其中,N_{pos} 表示正确锚框的数量,β_{loc}、β_{cls}、β_{dir} 是超参数,用于权衡每部分损失的比例,通常三者分别设置为 $B_{loc}=2$,$\beta_{cls}=1$,$\beta_{dir}=0.2$。

目标真值框与预测框都可以用一个 7 维向量 (x,y,z,w,l,h,θ) 表示,该向量中各个分量分别表示目标的左上角起始点坐标、宽度、长度、高度以及水平偏移角,因此,真实框与预测框之间的定位回归误差定义为

$$\begin{cases} \Delta x = \dfrac{x^{gt} - x^{a}}{d^{a}} \\ \Delta y = \dfrac{y^{gt} - y^{a}}{d^{a}} \\ \Delta z = \dfrac{z^{gt} - z^{a}}{h^{a}} \\ \Delta w = \log\dfrac{w^{gt}}{w^{a}} \\ \Delta l = \log\dfrac{l^{gt}}{l^{a}} \\ \Delta h = \log\dfrac{h^{gt}}{h^{a}} \\ \Delta \theta = \sin(\theta^{gt} - \theta^{a}) \end{cases} \tag{8-3}$$

其中 $(\cdot)^{gt}$,$(\cdot)^{a}$ 分别表示真实框和预测框对应的维度值,并且 d^{a} 的计算方式为

$$d^{a} = \sqrt{(w^{a})^2 + (l^{a})^2} \tag{8-4}$$

因此定位损失可表示为

$$L_{loc} = \sum_{b \in (x,y,z,w,l,h,\theta)} \mathrm{SmoothL1}(\Delta b) \tag{8-5}$$

对于 3D 目标检测,回归的 3D 检测框除了存在旋转角度差异,还有可能存在检测框翻转的问题,由于角度定位损失无法区分翻转框,因此在离散方向上使用 Softmax 损失学习目标的方向,该损失表示为 L_{dir}。对于分类损失,采用 Focal loss,具体表示如下:

$$L_{cls} = -\alpha_{a}(1 - p^{a})^{\gamma}\log p^{a} \tag{8-6}$$

其中,α 表示权重因子,一般用于解决类不平衡问题,常取值 0.75;γ 表示超参,处于 $[0,5]$ 区间;p^{a} 表示划分为对应类别的概率。

8.3 实验操作

8.3.1 代码介绍

本实验所需要的环境配置如表 8.1 所示。

表 8.1 环境配置

条　件	环　境
操作系统	Ubuntu 18.04 LTS
开发语言	Python 3.8.8
深度学习框架	PyTorch 1.4.0
相关库	Python 等内置库

实验的项目文件下载地址可扫描书中提供的二维码获得。

代码文件目录结构如下所述:

```
------------------------------------------------------- 工程根目录
├── image -------------------------------------------- 网络结构图、检测结果等文件
├── Second
│   ├── __init__.py ---------------------------------- 参数初始化文件
│   ├── create_data.py ------------------------------- 数据读入文件
│   ├── builder -------------------------------------- DeepPhys 数据加载文件
│   ├── configs -------------------------------------- 相关配置文件
│   ├── core ----------------------------------------- 检测框绘制文件
│   ├── data ----------------------------------------- 数据预处理文件
│   ├── kittiviewer ---------------------------------- 数据可视化文件
│   ├── protos --------------------------------------- 网络层、优化器等文件
│   ├── utils ---------------------------------------- 相关处理工具文件
│   └── pytorch --------------------------------------- 训练代码保存文件
├── torchplus ---------------------------------------- torch 相关工具包文件
├── Dockerfile --------------------------------------- 相关环境配置文件
├── LICENSE ------------------------------------------ 使用许可文件
└── README.md ---------------------------------------- 说明文件
```

8.3.2 数据集介绍

本实验使用的数据集为 Andreas Geiger 等[16]制作的 KITTI 中的 3D 检测数据集,该数据集在自动驾驶和 3D 目标检测领域具有非常重要的地位,主要由德国卡尔斯鲁厄理工学院(KIT)和美国芝加哥丰田计算技术研究所(TTIC)联合制作。该团队制作此数据集的主要目的是推动自动驾驶领域中相关算法的发展。

为了采集数据,该团队以大众帕萨特旅行车作为移动平台,在平台上装备了 4 个视频摄像头(两个彩色摄像头和两个灰度摄像头)、一个旋转 3D 激光扫描仪和一个组合 GPS/IMU 惯性导航系统。为了捕捉现实中的交通场景,该移动平台主要在德国的卡尔斯鲁尔附近农村地区的高速公路和城市内部进行数据采集。采集到的原始数据被分为道路、城市、住宅、学校和人等类别,大小共有 180GB。为目标检测任务所制作成的 KITTI 数据集共包含 7481 帧训练数据和 7518 帧测试数据,每帧数据包含成对的相机数据、激光点云数据以及对

应的标定参数。其中训练数据还有额外的标注数据，数据集中的一些场景如图 8.4 所示。

City　　　　　Residential　　　　Road　　　　　Campus　　　　　Person

图 8.4　KITTI 数据集的图像示例

　　虽然数据集中标注了车、行人、自行车和卡车等 8 个不同类别的物体，但一般 3D 目标检测算法的对比通常在车、行人和自行车 3 个类别物体上进行实验。在点云数据的标注信息中，除了提供物体的坐标位置外，还提供物体截断和遮挡等信息。截断是指物体部分离开边界，遮挡是指物体由于位置临近，后边物体的部分视野受到遮挡。由于物体的遮挡、截断和距离远近等因素都会影响物体的检测精度，因此根据这些信息把物体的检测难易程度大致划分为简单、中等和困难 3 个等级。一般为了发现模型或参数在训练过程中的一些问题，需要在训练迭代几次之后在验证集中进行验证。KITTI 数据集上通常的做法是采用 Chen 等人的划分策略，将训练集划分为两个子集：一个包含 3712 帧数据作为训练集，另一个包含 3769 帧数据作为验证集。数据集的下载地址可扫描书中提供的二维码获得。

　　将数据集下载并解压后得到相应的视频数据，一个视频序列的所有传感器数据都存储于 data_drive 文件夹下，其中 date 和 drive 是占位符，表示采集数据的日期和视频编号，时间戳记录在 timestamps.txt 文件中，具体的文件结构如下：

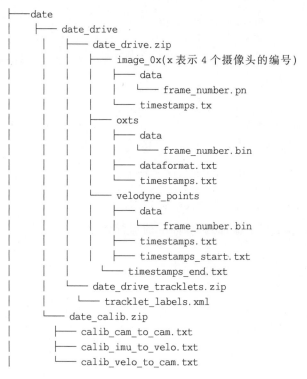

```
├──date
│   ├── date_drive
│   │   ├── date_drive.zip
│   │   │   ├── image_0x(x 表示 4 个摄像头的编号)
│   │   │   │   ├── data
│   │   │   │   │   └── frame_number.pn
│   │   │   │   └── timestamps.tx
│   │   │   ├── oxts
│   │   │   │   ├── data
│   │   │   │   │   └── frame_number.bin
│   │   │   │   ├── dataformat.txt
│   │   │   │   └── timestamps.txt
│   │   │   └── velodyne_points
│   │   │       ├── data
│   │   │       │   └── frame_number.bin
│   │   │       ├── timestamps.txt
│   │   │       ├── timestamps_start.txt
│   │   │       └── timestamps_end.txt
│   │   └── date_drive_tracklets.zip
│   │       └── tracklet_labels.xml
│   └── date_calib.zip
│       ├── calib_cam_to_cam.txt
│       ├── calib_imu_to_velo.txt
│       └── calib_velo_to_cam.txt
```

对于从 KITTI 数据集官网下载的各个分任务的数据集,其文件组织形式较为简单。例如,本实验针对 3D 目标检测任务下载的数据集,其中某一个摄像头下的数据集文件目录结构如下所示,样本分别存储在 testing 和 training 文件夹下。

```
data_object_image_2/
├── testing
│       └── image_2
└── training
        └── image_2
```

training 数据集的目录结构如下所示:

```
training/
└── label_2
```

KITTI 数据集为摄像机所拍摄到的运动物体提供一个 3D 边框,并基于激光雷达的坐标系进行标注。此数据集的标注一共分为 8 个类别: Car、Truck、Van、Pedestrian、Person、Cyclist、Tram 和 Misc。date_drive_tracklets. xml 文件用于存储 3D 标注信息,每一个物体的标注都由所属类别和 3D 尺寸(height、weight 和 length)组成。

为了理解标注文件各个字段的含义,需要阅读解释标注文件的 readme. txt 文件。该文件存储于 object development kit(1MB)文件中,详细介绍了子数据集的样本数量、label 类别数目、文件组织格式、标注格式、评价方式等内容。

8.3.3 实验操作与结果

1. 环境设置

(1) 下载代码并切换到对应路径文件夹。

```
git clone https://github.com/traveller59/second.pytorch.git
cd ./second.pytorch/second
```

(2) 安装依赖环境及工具包。代码通过 Anaconda 安装库函数,在已成功安装 Anaconda 的条件下,运行以下命令:

```
conda install scikit - image scipy numba pillow matplotlib
pip install fire tensorboardX protobuf opencv - python
```

(3) 设置 CUDA。通过运行如下命令将变量添加到~/. bashrc。

```
export NUMBAPRO_CUDA_DRIVER = /usr/lib/x86_64 - linux - gnu/libcuda.so
export NUMBAPRO_NVVM = /usr/local/cuda/nvvm/lib64/libnvvm.so
export NUMBAPRO_LIBDEVICE = /usr/local/cuda/nvvm/libdevice
```

(4) 添加环境变量。将 second. pytorch/添加到 Python 的运行路径。

2. 数据预处理

(1) 下载 KITTI 数据集,并建立如下目录结构:

```
└── KITTI_DATASET_ROOT
    ├── training     <-- 7481 train data
    │   ├── image_2 <-- for visualization
    │   ├── calib
    │   ├── label_2
```

```
    │      ├── velodyne
    │      └── velodyne_reduced <-- empty directory
    └── testing     <-- 7580 test data
        ├── image_2 <-- for visualization
        ├── calib
        ├── velodyne
        └── velodyne_reduced <-- empty directory
```

（2）运行如下命令进行数据处理：

```
python create_data.py kitti_data_prep --data_path=KITTI_DATASET_ROOT
```

3. 更改配置文件

在运行代码前需要更改 configs 文件夹下的配置文件，具体包括数据集读取路径、数据集名称等。该文件主要内容如下所示：

```
train_input_reader: {
  ...
  database_sampler {
    database_info_path: "/path/to/dataset_dbinfos_train.pkl"
    ...
  }
  dataset: {
    dataset_class_name: "DATASET_NAME"
    kitti_info_path: "/path/to/dataset_infos_train.pkl"
    kitti_root_path: "DATASET_ROOT"
  }
}
eval_input_reader: {
  ...
  dataset: {
    dataset_class_name: "DATASET_NAME"
    kitti_info_path: "/path/to/dataset_infos_val.pkl"
    kitti_root_path: "DATASET_ROOT"
  }
}
```

4. 训练

（1）使用单块 GPU 进行训练，运行如下代码：

```
python ./pytorch/train.py train --config_path=./configs/car.fhd.config --model_dir=
/path/to/model_dir
```

（2）使用多块 GPU 进行训练，运行如下代码：

```
CUDA_VISIBLE_DEVICES=0,1,3 python ./pytorch/train.py train --config_path=./configs/
car.fhd.config --model_dir=/path/to/model_dir --multi_gpu=True
```

5. 测试评价

运行如下代码：

```
python ./pytorch/train.py evaluate --config_path=./configs/car.fhd.config --model_dir=
/path/to/model_dir --measure_time=True --batch_size=1
```

检测结果将保存为 result.pkl 的文件，该文件在 model_dir/eval_results/step_xxx 文件

夹下。

可以单击以下链接下载预训练模型,然后进行网络的训练测试:

https://drive.google.com/open?id = 1YOpgRkBgmSAJwMknoXmitEArNitZz63C

具体的实验结果如图 8.5 所示,该图为 KITTI 数据集中关于车这一目标的场景图,图 8.6 为对应的 3D 点云数据,图 8.7 为该场景下的 3D 目标检测结果。

图 8.5　KITTI 数据集某一场景的 RGB 图像

图 8.6　KITTI 数据集某一场景的点云数据　　　图 8.7　KITTI 数据集某一场景的 3D 检测结果

8.4　总结与展望

目前 3D 目标检测领域硕果累累,在一定程度上改善了人类的生活习惯,促进了科技发展,推动了社会进步。尽管 3D 目标检测发展势头迅猛,但也不难发现,该领域仍存在许多暂时难以突破的瓶颈,如单目标图像下的 3D 目标检测中,由于透视投影存在,因此很难捕捉局部目标和尺度问题;基于深度图的 3D 目标检测,因遮挡、光线等问题造成数据噪声较多,极大地影响了 3D 重建过程;在基于激光雷达的点云数据下的 3D 目标检测方向,采用激光雷达点云与图像进行融合时,两者间的数据配准以及运算对显存的极高要求暂时还未有突破性进展。

虽然在 3D 目标检测技术的发展道路中存在许多障碍,但其潜力仍不容小觑,未来 3D 目标检测技术在识别精准度以及实时性方面会吸引更多的学者参与研究,推动 3D 目标检测技术的进一步发展。

参考文献

[1]　Harris C G,M. Stephens M. A combined corner and edge detector[C]//Proceedings of Alvey Vision Conference,1988.

[2] Lowe D G. Distinctive image features from scale-invariant keypoints[J]. International Journal of Computer Vision,2004,60：91-110.

[3] Dalal N,Triggs B. Histograms of oriented gradients for human detection[C]//Proceedings of the IEEE Conference on Computer Vision and Pattern Recognition,2005.

[4] Ojala T, Pietikainen M, Maenpaa T. Multiresolution gray-scale and rotation invariant texture classification with local binary patterns[J]. IEEE Transactions on Pattern Analysis and Machine Intelligence,2002,24(7)：971-987.

[5] Sermanet P,Eigen D,Zhang X,et al. Overfeat：Integrated recognition,localization and detection using convolutional networks[J/OL]. arXiv：1312.6229,2013.

[6] Douillard B, Underwood J, Kuntz N, et al. On the segmentation of 3D lidar point clouds[C]//Proceedings of the IEEE International Conference on Robotics and Automation,2011.

[7] Li B, Zhang T, Xia T. Vhicle detection from 3D Lidar using fully convolutional network[C]//Proceedings of Robotics：Science and Systems,2016.

[8] Li B. 3D fully convolutional network for vehicle detection in point cloud[C]//Proceedings of International Conference on Intelligent Robots and Systems,2017.

[9] Chen X,Ma H,Wan J,et al. Multi-view 3D object detection network for autonomous driving[C]//Proceedings of the IEEE Conference on Computer Vision and Pattern Recognition,2017.

[10] Liang M,Yang B,Wang S,et al. Deep continuous fusion for multi-sensor 3D object detection[C]//Proceedings of European Conference on Computer Vision,2018.

[11] Gupta S, Girshick R, Arbelaez P, et al. Learning rich features from RGB-D images for object detection and segmentation[C]//Proceedings of European Conference on Computer Vision,201.

[12] Song S,Xiao J. Sliding shapes for 3D object detection in depth images[C]//Proceedings of European Conference on Computer Vision,2014.

[13] Cai Q,Wei L,Li H. Object detection in RGB-D Image based on ANNet[J]. Journal of System Simulation,2016,28(9)：2260-2266.

[14] Lang A H,Vora S,Caesar H,et al. Pointpillars：Fast encoders for object detection from point clouds[C]//Proceedings of the IEEE Conference on Computer Vision and Pattern Recognition,2019.

[15] Qi C,Su H,Mo K,et al. Pointnet：Deep learning on point sets for 3d classification and segmentation[C]//Proceedings of the IEEE Conference on Computer Vision and Pattern Recognition,2017.

[16] Geiger A,Lenz P,Stiller C,et al. Vision meets robotics：The kitti dataset[J]. The International Journal of Robotics Research,2013,32(11)：1231-1237.

3D 手部姿态估计

近年来,华为手机和智慧屏等智能设备不断推陈出新,其中一项引人注目的功能是隔空操控。隔空操控是一种无须接触设备的控制技术,它让用户可以在不接触设备的情况下进行设备控制,极大地提高了设备的实用性和便携性。这项技术利用了红外线、声波等技术,在接收器和发送器之间传递指令,让人们在使用设备时无须距离太近或者触摸屏幕,而是通过手势或者语音控制来完成操作,这大大提高了使用的灵活性和便利性,也让人们感受到了科技的魅力,隔空操控如图 9.1 所示。

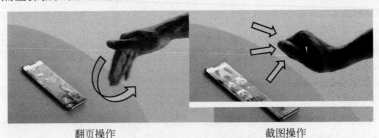

翻页操作 截图操作

图 9.1 隔空操控示意图

隔空操控是通过对手部姿态的估计实现的,本实验将通过深度学习技术实现这一神奇的功能。手势姿态估计如图 9.2 所示。

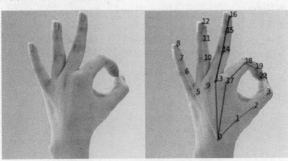

图 9.2 手部姿态估计示意图

9.1 背景介绍

手部姿态估计是指利用计算机视觉技术对手部姿态进行识别和估计的过程。手部姿态估计技术在虚拟现实、手势识别、人机交互、医学图像处理等领域都有广泛应用,其可以实现更加真实的交互体验,提供更加便捷的交互方式。

在虚拟现实领域中,手部姿态估计技术可以实现手部的实时跟踪,从而使用户能够体验更加逼真的虚拟现实场景;在手势识别和人机交互领域中,手部姿态估计技术可以实现手势的识别和理解,为用户提供更加自然和便捷的交互方式;在医学图像处理领域中,手部姿态估计技术可以实现手部疾病的诊断和治疗,为医生提供更加准确的诊断结果。

目前,手部姿态估计技术已经不再局限于手部姿态的简单识别和估计,而成为了一个复杂的系统,包括关节点估计、手部 3D 模型估计、手部 3D 姿态估计等。手部姿态估计技术主要分为基于传感器的方法和基于视觉的方法。

基于传感器的手部姿态估计方法[1]通常采用惯性传感器、压力传感器、力敏传感器等多种传感器进行数据采集,并通过数学模型对采集到的数据进行处理,从而推断手部的姿态。其中,惯性传感器是最常用的一种传感器,它能够测量手部的加速度和角速度,从而推断手部的方向和位置。基于传感器的手部姿态估计方法具有响应速度快、精度高、适用范围广等优点,适用于手部姿态控制、手部运动识别、手部生物力学研究等领域。基于传感器的手部姿态估计方法如图 9.3 所示。

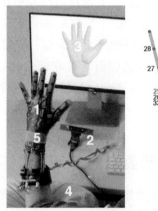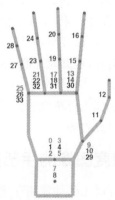

图 9.3　基于传感器的手部姿态估计方法

然而,基于传感器的方法需要检测对象佩戴复杂的传感器,使用门槛较高。近年来,随着相关数据集的公开以及计算机视觉技术的发展,基于视觉的手部姿态估计方法得到关注,这种方法利用摄像机拍摄的图像序列信息,实现对手部姿态的准确估计,不需要佩戴复杂的传感器。基于视觉的手部姿态估计方法如图 9.4 所示。

基于视觉的手部姿态估计方法根据使用的数据类型可以分为基于彩色图像的方法与基于深度图像的方法。

9.1.1　基于彩色图像的手部姿态估计方法

基于彩色图像的手部姿态估计方法直接从普通设备获取的 RGB 图像中得到手部姿态估计的结果,其中传统机器学习方法主要关注对图像的特征提取,包括颜色、纹理、方向、轮廓等。经典的特征提取算子有主成分分析(Principal Component Analysis,PCA)、局部二值模式(Local Binary Pat- terns,LBP)、线性判别分析(Linear Discriminant Analysis,LDA)、尺度不变特征变换(Scale Invariant Feature Transform,SIFT)和方向梯度直方图(Histogram of Oriented Gradient,HOG)等。在获得了稳定的手部特征后,再使用传统的机器学习算法进

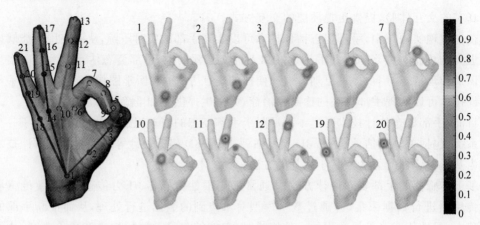

图 9.4　基于视觉的手部姿态估计方法

行分类和回归,常用的方法有决策树[2]、随机森林和支持向量机等。

深度学习方法通常包括卷积神经网络[3]和循环神经网络两个部分。卷积神经网络可以提取手部图像的特征,例如,边缘、纹理等信息,并通过多层卷积和池化操作实现特征的提取和组合。循环神经网络可以利用时序信息,对手部姿态进行建模,例如,长短时记忆(Long Short-Term Memory,LSTM)网络可以捕捉手部姿态的长时依赖关系。该方法需要大量的标注数据和计算资源,但其对光线、遮挡等因素具有较强的鲁棒性,且精度较高。将深度学习技术引入手势姿态估计任务中,无论是在预测精度上,还是在处理速度上,基于深度学习手势姿态估计方法都比传统方法具有明显的优势。近年来,基于深度神经网络的手部姿态估计已成为主流研究趋势。

9.1.2　基于深度图像的手部姿态估计方法

基于深度图像的手部姿态估计使用深度相机获取的深度图像或扫描仪获取的点云数据进行手部姿态估计。基于深度图像的手部姿态估计能够提供更加精确的手部姿态估计结果,同时还可以避免传统方法中由于颜色、光照等因素引起的干扰。2017 年,Krupka 等[4]设计了基于手部关键点的人机交互接口,将手部关节点映射为手部动作序列,并利用这些动作序列执行相应操作。在产业界,基于主动红外立体视觉的 Leap Motion 手部姿态追踪套件广泛应用于虚拟现实设备的人机交互,能够以 180fps 的帧率追踪双手的运动。2020 年,微软公司发布了 HoloLensv2,其内置深度相机能同时捕获用户双手的姿态。与彩色图像相比,利用深度图像进行手部姿态追踪有两个优势。

(1)深度相机可以获取手部与相机之间的物理距离,避免了求解姿态时的二义性。

(2)深度相机成像质量不受室内光照影响。因此,利用深度图像能够比较准确地将手从复杂背景中分离出来。

基于深度图像的姿态估计方法主要有 3 类。

(1)基于模型驱动的估计方法:通过 3D 手部模型与输入的深度点云的配准来估计手部姿态。

(2)基于数据驱动的估计方法:从大量的训练样本中学习一个从输入深度图像到手部姿态的映射函数。

（3）结合前述两种方法的混合方法：首先使用基于数据驱动的手部姿态估计方法训练出姿态初始化器或寻找模型和点云之间的对应关系，然后利用基于模型驱动的手部姿态估计方法迭代求解姿态。

9.2　算法原理

9.2.1　基础知识介绍

1. 手部姿态

手是由多个表观相似的指节和手掌铰接而成的多关节刚体，手关节的存在使得手具有自由度（Degree of Freedom，DoF），不同位置的关节具有不同的自由度，如图9.5所示，手的自由度为26。手部姿态估计的目的是从手部数据中准确地估计手的姿态参数。手部数据的来源可分为接触式和非接触式。前者利用附着在手表面的接触式传感器获取手的运动数据，如数据手套，采集的数据形式为一维的传感器信号；后者利用非接触式传感器采集手的运动数据，如RGB相机或深度相机等，采集的数据形式为彩色图像或深度图像。与接触式数据相比，采集非接触式数据成本低，且不受设备约束。因此，在手部姿态估计研究中，研究者大都采用非接触式数据。

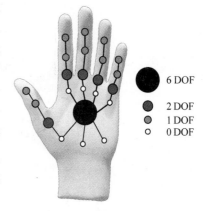

图9.5　手部自由度

2. 手部模型表示

为了直观地表示手的姿态，国内外研究者通过抽象化建模提出了多种手部模型的表示方式。常用的表示方法主要包括3类：3D表面表示法、骨架表示法和点云表示法。

3D表面表示法通常利用几何体或二次曲面精确地刻画手形或皮肤表面，如图9.6所示。其可以细分为4个子方法：第一个是网格表示法，例如，Heap等[5]提出的可变形网格模型和Remero等[6]提出的参数化模型MANO；第二个是几何体表示法，如Oikonomidis等[7]提出的利用简单的球体和柱体表示手；第三个是二次曲线表示法，如Stenger等[8]提出利用39个截断的二次曲线建模手；第四个是纹理表示法，该方法在手的3D网格上附加了皮肤的纹理贴图，使得手模型更真实，如Qian等[9]提出的参数化手纹理模型。其中，MANO模型参数量较少，是3D表面表示中采用较多的方法。

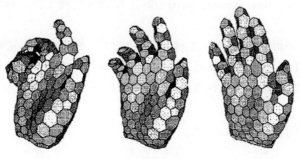

图9.6　3D表面表示法示例

骨架表示法一般描述每个手关节的空间位置。例如,Zimmermann 等[10]将手模型表示为一组关节点的 3D 坐标,Cheng 等[11]也采用了同样的表示方法,如图 9.7(a)所示。

此外,点云表示法也是比较常用的表示方法,该方法用点云表示手部模型,同样刻画了手形和大小,如图 9.7(b)所示。

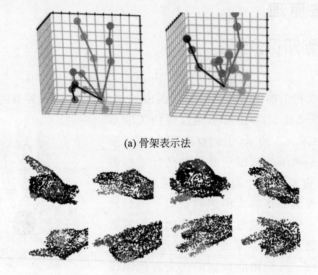

(a) 骨架表示法

(b) 点云表示法

图 9.7　骨架表示法与点云表示法示例

本实验采用 3D 表面表示法作为手部模型的表示方法,输入 RGB 图像,通过模型得到 3D 表面的顶点以及连接关系,手部姿态的表示通过 3D 手部关节点实现。

9.2.2　图卷积神经网络

本实验中对于手部模型与手部姿态的估计基于图卷积网络(Graph Convolutional Networks,GCN),GCN 是一种基于图结构数据进行深度学习的方法,是图网络的一种重要实现方式。GCN 可以用于节点分类、图分类、链接预测、图生成等任务,在当前的图神经网络领域中非常重要。GCN 在处理图数据上具有很多优势,比如更好的性能、可扩展性和准确率。同时,GCN 的应用也非常广泛,可以在社交网络中进行推荐,还可以在生物信息学和化学领域中进行分子图谱分析。

GCN 最早由 Kipf 等[12]在 2016 年提出,它基于图信号处理中的谱卷积理论,将传统的卷积神经网络(Convolutional Neural Networks,CNN)推广到了图结构数据上。

1. 图的概念

图(Graph)表示一组实体(节点)之间的关系(边)。一个图的信息通常由节点属性、边属性以及全局属性组成,其中节点属性包括节点的标识、相邻节点信息等,边的属性包括标识、边缘权重、方向等,全局属性包括节点数、路径信息等,如图 9.8 所示。

2. 图的表示

通常图可以用以下形式表示:

$$G = (V, E) \tag{9-1}$$

其中,V 是节点集合,E 是边集合。在实际应用中,通常使用邻接矩阵 A 表示图,其定义为

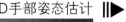

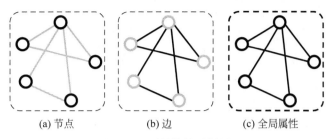

(a) 节点　　　　(b) 边　　　　(c) 全局属性

图 9.8　图结构的示例图

$$A_{ij} = \begin{cases} 1, & \text{节点 } i \text{ 到节点 } j \text{ 存在边} \\ 0, & \text{其他情况} \end{cases} \tag{9-2}$$

在 GCN 中,分别将节点、边以及全局信息利用图嵌入(Graph Embedding)表示为向量形式,这些向量可以单独以节点或边为单位聚合得到矩阵,也可通过汇聚信息或信息传递联结节点、边及全局的信息,得到包括多个组件属性的矩阵,用于图卷积运算。图的表示示例图如图 9.9 所示。

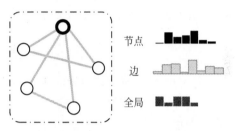

图 9.9　图的表示示例图

3. 图神经网络

图神经网络(Graph Neural Network,GNN)是指神经网络应用于图数据处理的模型的统称,这种网络将图的节点、边以及全局组件转化为向量表示,并通过神经网络映射后得到新的图。但是这种基础的图神经网络的不同组件之间没有信息沟通,网络性能较弱。因此,人们进一步提出了图卷积神经网络、图注意力网络、图长短时记忆网络等,这些网络借鉴处理文本和图像的网络的结构技巧,实现对图信息的有效处理。本实验重点关注图卷积神经网络。

4. 图卷积神经网络

在传统的卷积神经网络中,卷积操作通常定义在欧几里得空间中,如 2D 图像的卷积操作可以定义为

$$(f * g)(x, y) = \sum_{i=-k}^{k} \sum_{j=-k}^{k} f(x+i, y+j) g(i, j) \tag{9-3}$$

其中,f 表示输入图像,g 表示卷积核,k 表示卷积核大小。

在图结构数据上,需要将卷积操作重新定义,图卷积可以表示为

$$H^{l+1} = f(H^l, A) \tag{9-4}$$

其中,$H^0 = X$ 为第一层输入,$X \in \mathbf{R}^{N \times D}$,$N$ 为图的节点个数,D 为每个节点特征向量的维度,A 为邻接矩阵,图卷积过程如图 9.10 所示,不同模型的差异点在于函数 f 的实现不同。

5. 切比雪夫谱图卷积神经网络

本实验进行手部模型 3D 表面估计使用切比雪夫谱(Chebyshev Spectral)图卷积神经网络[13],该方法由 Michaël Defferrard 于 2016 年提出。该算法基于切比雪夫多项式,可用于近似图上的任何平滑函数。

目前的图卷积大都在频域中进行分析,不再需要逐个节点的处理,谱域的转换通过拉普拉斯矩阵实现,此时图卷积表达式为

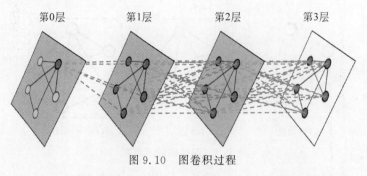

第0层　　　　第1层　　　　第2层　　　　第3层

图 9.10　图卷积过程

$$y = U g_\theta(\mathbf{\Lambda}) U^{\mathrm{T}} x \tag{9-5}$$

其中,U 为由图结构对应拉普拉斯矩阵 L 的特征向量构建的矩阵,$\mathbf{\Lambda}$ 是特征值构成的对角矩阵,$g_\theta(\mathbf{\Lambda})$ 是卷积核,x 是输入特征。利用切比雪夫多项式代替卷积核,可以得到

$$g_\theta(\mathbf{\Lambda}) = \sum_{k=0}^{K-1} \theta_k T_k(\tilde{\mathbf{\Lambda}}) \tag{9-6}$$

其中,$T_k(\cdot)$ 是 k 阶切比雪夫多项式,θ_k 是对应的系数,$\tilde{\mathbf{\Lambda}}$ 是缩放的特征值对角矩阵,$\tilde{\mathbf{\Lambda}} = 2\mathbf{\Lambda}/\lambda_{\max} - I$,$\lambda_{\max}$ 为拉普拉斯矩阵 L 的最大特征值,I 为单位矩阵。由式(9-5)可得切比雪夫谱图卷积为

$$y = U \sum_{k=0}^{K-1} \theta_k T_k(\tilde{\mathbf{\Lambda}}) U^{\mathrm{T}} x = \sum_{k=0}^{K-1} \theta_k T_k(U \tilde{\mathbf{\Lambda}} U^{\mathrm{T}}) x$$

$$= \sum_{k=0}^{K-1} \theta_k T_k(U(2\mathbf{\Lambda}/\lambda_{\max} - I) U^{\mathrm{T}}) x = \sum_{k=0}^{K-1} \theta_k T_k(\tilde{L}) x \tag{9-7}$$

其中,$\tilde{L} = 2L/\lambda_{\max} - I$ 为拉普拉斯缩放。因此,可以得出切比雪夫谱图卷积层的矩阵形式如下表示:

$$y = \sum_{k=0}^{K-1} T_k(\tilde{L}) x W_k \tag{9-8}$$

其中,W_k 为图卷积网络的可训练参数。

切比雪夫谱图卷积神经网络适用于处理不规则和非欧几里得数据,例如,社交网络、蛋白质结构和脑连接图。它通过构建数据的谱图表示来捕捉数据点之间的关系,然后将这个图与基于切比雪夫多项式的滤波器卷积,以从数据中提取特征。

9.2.3　3D 手部姿态估计网络

本实验构建的 3D 手部姿态估计网络参考文献[14],网络结构如图 9.11 所示,由于高精度的手部模型和手部姿态估计数据较难获取,所以本实验首先通过合成数据预训练网络,然后通过真实数据集微调,回归至手部深度图。

3D 手部姿态估计网络首先通过沙漏网络得到手部的关节热力图,所得热力图与沙漏网络中的手部特征图通过残差网络进行进一步的特征提取,得到潜在的特征表示。潜在的特征表示通过图卷积得到由 3D 表面表示的 3D 手部模型,即一系列的顶点以及其连接关系。通过合成数据集的训练直接回归得到 3D 手部姿态,真实数据集由于手部姿态的高精度真实值难以获取,所以不直接回归手部姿态,而是回归手部深度图。

其中,残差网络得到的潜在特征通过图卷积网络得到手部模型,结构图如图 9.12 所示,

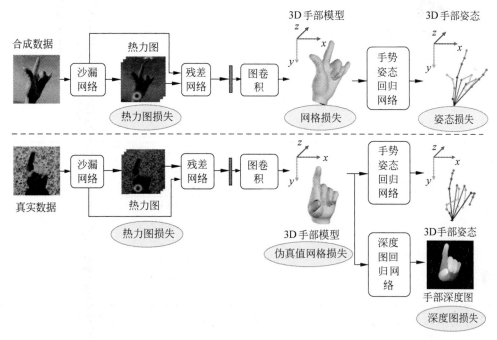

图 9.11 3D手部姿态估计网络结构

由粗略手部模型图逐级变为精细的手部模型图,最终的输出为 1280 个手部模型的 3D 坐标。生成手部网格模型的图卷积为切比雪夫谱图卷积。在本实验中,手部 3D 网格的 N 个顶点的 F 维特征表示为

$$f = (f_1, f_2, \cdots, f_N)^\mathrm{T} \in \mathbf{R}^{N \times F} \tag{9-9}$$

在切比雪夫谱图卷积网络中,对于输入图 $f_\mathrm{in} \in \mathbf{R}^{N \times F_\mathrm{in}}$,其上的切比雪夫谱图卷积定义为

$$f_\mathrm{out} = \sum_{k=0}^{K-1} T_k(\widetilde{L}) f_\mathrm{in} W_k \tag{9-10}$$

其中,

$$T_k(x) = 2x T_{k-1}(x) - T_{k-2}(x)$$

为切比雪夫多项式,$T_0 = 1, T_1 = x, W_k \in \mathbf{R}^{F_\mathrm{in} \times F_\mathrm{out}}$ 为图卷积网络的可训练参数,$f_\mathrm{out} \in \mathbf{R}^{N \times F_\mathrm{out}}$ 为输出的图上 N 个顶点的特征表示。

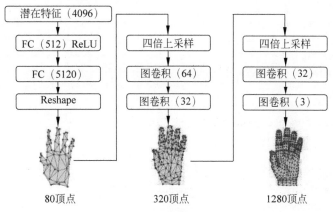

图 9.12 3D手部模型估计网络结构

9.3 实验操作

9.3.1 代码介绍

本实验所需要的环境配置如表 9.1 所示。

表 9.1 实验环境配置

操作系统	Ubuntu 20.04 LTS 64 位
开发语言	Python 3.8.8
深度学习框架	PyTorch 1.9.0
相关库	numpy 1.13 matplotlib opencv-python 3.2 opendr 0.76 scipy 0.19.1 yacs 0.1.6

实验的项目文件下载地址可扫描书中提供的二维码获得。代码目录结构如下：

```
hand - graph - cnn
├────configs ------------------------------------------------ 配置文件文件夹
│   ├────eval_STB_dataset.yaml ------------------------------STB 数据集验证配置文件
│   └────eval_real_world_testset.yaml ---------------------- 真实数据集验证配置文件
├────data --------------------------------------------------数据集相关文件夹
│   ├────real_world_testset -------------------------------真实手部数据集文件夹
│   │   ├────images -------------------------------------- 真实手部原始图像
│   │   └────real_hand_3D_mesh ---------------------------真实手部模型文件
│   └────synthetic_train_val -----------------------------合成数据集文件夹
│       ├────images ------------------------------------- 合成数据原始图像
│       ├────hand_3D_mesh ------------------------------- 合成数据手部模型文件
│       └────3D_labels ---------------------------------- 合成数据相关参数
├────hand_shape_pose ----------------------------3D 手部模型与手部姿态估计模型文件夹
│   ├────model ------------------------------------------- 模型文件夹
│   │   ├────net_hg.py --------------------------------- 沙漏网络代码文件
│   │   ├────net_mesh_pose.py -------------------------- 手部模型估计网络代码文件

│   │   ├────shape_pose_network.py --------------------- 手部估计网络代码文件
│   │   └────net_hm_feat_mesh.py ----------------------- 特征提取网络代码文件
│   ├────config ----------------------------------------- 配置文件
│   ├────data ------------------------------------------- STB 数据集文件夹
│   └────util
├────model --------------------------------------------------模型权重文件夹
│   ├────STB_finetuned_models ------------------------------- 预训练模型权重
│   └────pretrained_models ------------------------------- 微调后模型权重
├────LICENSE
├────README.md
├────requirement.txt
├────eval_script.py
```

```
├──README.md
└──teaser.png
```

9.3.2　数据集

本实验使用的数据集包括合成数据集与真实数据集,其中合成数据集通过 3D 计算机图形软件 Maya 创建一个 3D 手部模型,通过匹配不同的皮肤纹理和关节姿态得到一系列手部图像,然后使用不同自然光照增加手部的真实质感,手部合成图像如图 9.13 所示,手部合成数据模型如图 9.14 所示。

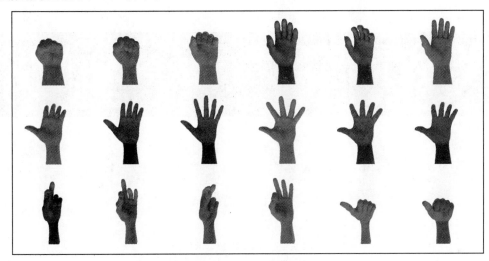

图 9.13　手部合成图像示例

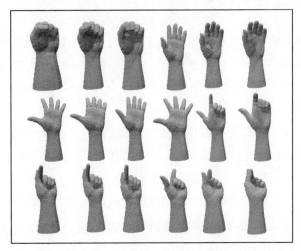

图 9.14　手部合成数据模型示例

得到手部合成数据后,将手部合成图像与真实背景进行融合,得到最终的合成数据图像。手部姿态估计和手部姿态数据可分别扫描书中提供的二维码下载。

真实数据集则用于模型微调和测试,包括 583 张由 RGB 与 RGB-D 相机拍摄的图像,如图 9.15 所示。

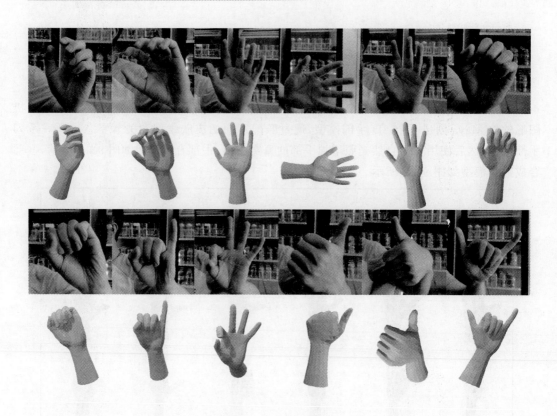

图 9.15 真实数据集示例

9.3.3 实验操作与结果

（1）合成数据集准备。合成数据集分为 4 部分，可分别扫描书中提供的相应二维码进行下载。将所有下载的文件 l01~l30 解压至/data/synthetic_train_val/images/目录。从提供的二维码链接下载合成数据集的模型文件，解压后存储在/data/synthetic_train_val/hand_3D_mesh/目录。

（2）真实数据集准备。真实数据集原始图像存储在/data/real_world_testset/images/目录，模型文件扫描二维码链接下载，解压后存储在/data/real_world_testset/real_hand_3D_mesh/目录。

（3）模型训练。源代码中没有提供模型训练的代码文件，可以以 eval_script.py 文件为基础，将其中的模型权重加载，数据集加载路径改为/data/synthetic_train_val/images/与/data/synthetic_train_val/hand_3D_mesh/。

（4）模型测试。源代码中已经提供了权重文件，在终端输入以下命令即可开始测试：

```
python eval_script.py -- config - file "configs/eval_real_world_testset.yaml"
```

测试结果如图 9.16 所示。

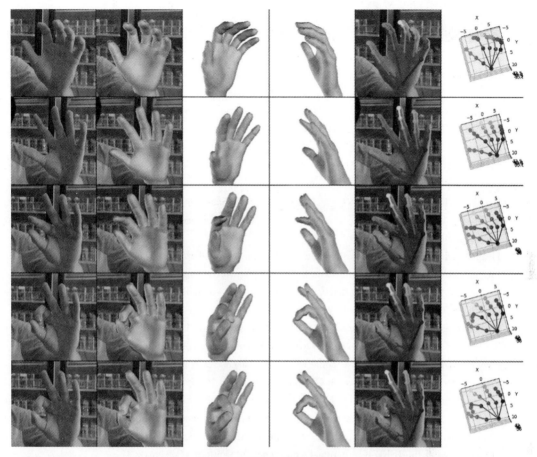

图 9.16　手部合成图像示例

9.4　总结与展望

本章首先介绍了 3D 手部姿态的发展和研究现状,从传统基于传感器的手部姿态估计到基于视觉的手部姿态估计,其中基于视觉的手部姿态估计根据使用的数据类型又可细分为基于彩色图像的手部姿态估计和基于深度图像的手部姿态估计。随后介绍了和手部姿态估计相关的知识,包括手部姿态的概念和手部模型的表示、图卷积神经网络以及本实验使用的手部姿态估计模型结构。最后介绍了实验步骤,源代码中提供了性能较好的权重文件,实验者可以直接根据测试步骤进行测试,也可自行根据提示编写模型训练文件。

本实验的手部姿态估计首先估计手部的 3D 模型,这一过程通过图卷积神经网络实现,使用的是切比雪夫谱图卷积神经网络,通过切比雪夫多项式代替卷积核,不需要计算图卷积过程中的拉普拉斯矩阵,也能在同等层数下拥有更好的性能。但是仍然有可以改进的地方,首先是切比雪夫谱图卷积神经网络需要输入值在 $-1 \sim 1$ 范围内才能较好地收敛,局限了网络的使用范围;其次是本实验使用的合成数据在外观上与真实数据仍有一定差距,特别是合成数据与背景结合时,没有考虑两者光照之间的差异,因此可以对合成模型进行改进。

参考文献

［1］ Glauser O,Wu S,Panozzo D,et al. Interactive hand pose estimation using a stretch-sensing soft glove [J]. ACM Transactions on Graphics,2019,38(4): 1-15.

［2］ Keskin C,Kıraç F,Kara Y E,et al. Hand pose estimation and hand shape classification using multi-layered randomized decision forests[C]//Proceedings of European Conference on Computer Vision, 2012.

［3］ Tompson J,Stein M,Lecun Y,et al. Real-time continuous pose recovery of human hands using convolutional networks[J]. ACM Transactions on Graphics,2014,33(5): 1-10.

［4］ Krupka E,Karmon K,Bloom N,et al. Toward realistic hands gesture interface:Keeping it simple for developers and machines [C]//Proceedings of CHI Conference on Human Factors in Computing Systems,2017.

［5］ Heap T,Hogg D. Towards 3D hand tracking using a deformable model [C]//Proceedings of International Conference on Automatic Face and Gesture Recognition,1996.

［6］ Romero J,Tzionas D,M. J. Black. Embodied hands:modeling and capturing hands and bodies together[J/OL]. arXiv:2201.02610,2022.

［7］ Oikonomidis J,Kyriazis N,Argyros A. Efficient model-based 3D tracking of hand articulations using Kinect[C]//Proceedings of the British Machine Vision Conference,2011.

［8］ Stenger B,Mendonça P R S,Cipolla R. Model-based 3D tracking of an articulated hand [C]// Proceedings of IEEE Conference on Computer Vision and Pattern Recognition,2001.

［9］ Qian N,Wang J,Mueller F,et al. Html:A parametric hand texture model for 3D hand reconstruction and personalization[C]//Proceedings of the European Conference on Computer Vision,2020.

［10］ Zimmermann C,Brox T. Learning to estimate 3D hand pose from single RGB images[C]// Proceedings of the IEEE International Conference on Computer Vision,2017.

［11］ W. Cheng W,J. H. Park J H,J. H. Ko. HandFoldingNet:a 3D hand pose estimation network using multiscale-feature guided folding of a 2D hand skeleton [C]//Proceedings of the IEEE International Conference on Computer Vision,2021.

［12］ Kipf T N,Welling M. Semi-supervised classification with graph convolutional networks[J/OL]. arXiv:1609.02907,2016.

［13］ Defferrard M,Bresson X,Vandergheynst P. Convolutional neural networks on graphs with fast localized spectral filtering[C]//Proceedings of Advances in Neural Information Processing Systems, 2016,3844-3852.

［14］ Ge L,Ren Z,Li Y,et al. 3D hand shape and pose estimation from a single RGB image[C]// Proceedings of IEEE Conference on Computer Vision and Pattern Recognition,2019.

## 第 10 章

图 像 翻 译

在如今快节奏的日常生活中，人们越来越追求精神上的富足，由此对美术和音乐作品等产生了浓厚的兴趣。其中，美术更是人们在繁忙的工作之余陶冶情操的方式之一。优秀的画师可以通过画笔勾勒出逼真、优美的场景，并且受到人们的大力称赞。

古往今来，优秀的画师数不胜数，他们可以将眼睛看到的，或者看不到而是想象出来的场景通过笔墨展示出来。然而一幅优秀的画卷可能需要画师大量时间，他们先通过寥寥几笔勾勒出大概轮廓，之后再细细描绘、填色。这样的过程是繁杂的，少的需要几小时，多的甚至需要几年。那么，在科技迅速发展的今天，能否快速将脑海中的画面转换为现实中的场景图呢？

正如小时候的神话故事《神笔马良》一样，画一只鸟的轮廓，就可以得到一只飞到天上的鸟；画一匹马，就会得到一匹奔跑的马；画一个人脸轮廓，得到一个人脸头像等。如图 10.1所示，通过简单的语义图就可以生成逼真的图像。

图 10.1　语义图生成场景图

10.1　背景介绍

图像翻译技术是指将图像中的内容从一个图像域转换到另一个图像域，可以看作将原图像中某种属性删除，重新赋予其新的属性。计算机中描述的语义图像是指对图像的内容进行理解,然后用物体的类别去标记图像的每个像素[1-3]。直观来讲,是将图像的不同元素以不同的颜色进行表示,如图 10.2 所示,用天蓝色标记沙发的所有像素点,用黄色标记沙发上抱枕的所有像素点,用绿色标记茶几的所有像素点等。图像翻译技术便是通过输入一张语义图像,输出一张对应现实中真实场景的图像,如图 10.2 所示。

图 10.2 语义图合成原理图

2014 年,Goodfellow 等提出生成对抗网络(Generative Adversarial Network, GAN)[4],利用 GAN 可以生成自然、逼真和多样的图像。但是,传统 GAN 网络在实现图像翻译时存在两个缺陷:第一,传统 GAN 网络缺失对应的生成关系,如果随机输入一些噪声(随手画的草图),可能随机输出的图像并不符合人们的需求;第二,传统 GAN 网络生成的图像质量较低。

如图 10.3 所示,即 GAN 面临的第一个问题——输入随机噪声,输出不合理的图像。针对该问题,Phillip Isola 等提出了 pix2pix(predict pixels from pixels)模型[5]。这个模型对传统的 GAN 进行了改进,它不再输入随机噪声,而是输入图像,与输出目标建立对应关系,使输出的图像符合语义要求。对于第二个不足之处,2017 年

随机信号

图 10.3 随机输入对应的图像

Ting-Chun Wang 等所提出的 pix2pixHD[6] 的模型解决了该问题,该模型使用语义分割方法,将图像变成一个语义标签域,在标签域中编辑目标,再转回图像域,这可以提升图像质量以及深度图像合成和编辑的分辨率。pix2pixHD 模型采用"金字塔式"结构,它总体上先输入低分辨率的图像,再将输出的图像作为另一个网络的输入,依次生成分辨率更高的图像,最终可以合成高清的 2048×1024px 分辨率的图像。

上述方法直接将语义布局作为输入馈送到深度网络,然后通过卷积层、规范化层和非线性层进行处理。这是一种次优的方式,因为规范化层倾向于去除语义信息。为了解决这个问题,2019 年提出的空间自适应规范化(SPADE)模型[7]建议使用语义布局并通过空间自适应学习来指导特征图进行规范化,这是一个简单但有效的方法,用于合成给定输入语义布局的逼真图像。

Huang 和 Ma 等[8,9]提出采用自适应实例规范化(AdaIN)[10]实现任意风格的实时转换。Park 等[7]学习了一个编码器,将范例图像映射到进一步合成图像的向量中。另外还有

一种特殊形式的条件图像合成,它将语义分割掩码、边缘映射和姿势关键点转换为逼真的图像,这种形式被称为基于范例的图像翻译,使用这种方法,可以根据用户给出的范例更灵活地控制多模态生成。为了探索基于范例的图像翻译的通用解决方案,人们研究了跨域图像(如 mask-to-image、edge-to-image、keypoint-to-image 等)的密集语义对应关系,并将此关系用于指导图像翻译。2020 年提出了一种同时学习跨域对齐和图像翻译的图像翻译网络(Cross-domain Correspondence Network,CoCosNet)[11]。该网络结构包括两个子网络。

(1) 跨域对齐网络将不同域的输入转换到中间特征域,在中间特征域建立可靠的密集对应关系。

(2) 翻译网络使用空间自适应规范化,将范例图像中的风格精细地迁移到最终生成的图像中。CoCosNet 中的两个子网络相互促进,实现了端到端学习。该方法所生成的图像外观与范例一致,在图像翻译领域优于之前的方法。

语义图像合成技术可以将图像的语义信息转变为图像,其在计算机视觉处理领域中占据着重要的位置,它的应用范围也十分广泛。Wang 等[6]利用该技术实现了运用语义标注(不同颜色)给街景图增加树木、更改车的颜色或者改变街道类型等操作,如图 10.4(a)所示。这项技术不仅不局限于普通的场景,还可以利用语义标注图合成人脸——在给定语义标注中,用户可以自由选择以组合人的五官并调整大小、添加胡子等,如图 10.4(b)所示。

(a)　　　　　　　　　　　　　　(b)

图 10.4　语义图像合成应用举例[6]

10.2　算法原理

通过上面关于图像翻译的背景介绍,对其相关基础知识已经有了一定的认识。本实验基于 CoCosNet 网络模型实现图像翻译,用户不仅需要输入自己绘制的语义布局图,还需要输入与语义布局对应的范例图像,经过跨域对齐网络学习两者之间的匹配关系,然后利用匹配关系将范例图像变形,最后经过图像生成网络得到对应的图像,整个算法流程如图 10.5 所示。

在 CoCosNet 网络模型中,图像翻译属于跨域转换的问题,主要目标是学习从源域 A 到目标域 B 的转换。给定输入图像 $x_A \in A$ 和范例图像 $y_B \in B$,希望生成的图像符合 x_A 的内容(布局),同时与 y_B 中语义相似部分的风格近似。

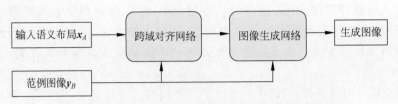

图 10.5　基于 CoCosNet 网络模型的图像翻译原理图

10.2.1　跨域对齐网络

为了建立源域 A 到目标域 B 之间的对应关系,以往的做法是通过预训练好的分类模型在特征域中匹配嵌入向量,进而找到语义对应关系[12]。但是预训练模型通常是在特定类型的图像上训练的,导致提取的特征无法泛化进而描述另一个领域的语义。因此,这样的做法无法建立异质图像(例如,边缘图像和真实图像)之间的对应关系。为了解决这个问题,CoCosNet 模型中构建了一种跨域对齐网络。

在跨域对齐网络中,首先将输入图像和范例图像映射到中间域 S。具体而言,将 x_A 和 y_B 输入特征金字塔网络中,该网络利用局部和全局的图像上下文提取多尺度深度特征[13],提取的特征图进一步转换为中间域 S 的表示,即 x_S 和 y_S。为什么要映射到同一域呢? 在实际任务中,域对齐对于 x_S 和 y_S 的对应是必不可少的,只有当 x 和 y 位于同一域中时,它们才能通过一些相似性度量得到进一步的匹配关系。然后,计算中间域 S 内语义图和范例图两者之间的语义相关性,即 x_S 和 y_S 之间的相关矩阵,

$$M(u,v) = \frac{\hat{x}_S(u)^{\mathrm{T}} \hat{y}_S(v)}{\| \hat{x}_S(u) \| \| \hat{y}_S(v) \|}$$

其中,$\hat{x}_S(u)$ 和 $\hat{y}_S(v)$ 表示在位置 u 和 v 的通道集中的特征,其中

$$\hat{x}_S(u) = x_S(u) - \mathrm{mean}(x_S(u))$$

$$\hat{y}_S(v) = y_S(v) - \mathrm{mean}(y_S(v))$$

得到语义图和范例图两者之间的语义相关性之后,需要考虑的是如何学习对应关系。将跨域对齐与图像生成网络联合训练,这样可以参考范例图像生成更加符合语义图的风格图像。因此,根据相关性矩阵对 y_B 变形并获取变形的样本。主要做法是通过选择最相关的像素并计算它们的加权平均值,表示为

$$r_{y \to x}(u) = \sum_v \mathrm{softmax}_v(\alpha M(u,v)) \cdot y_B(v)$$

其中,α 控制 softmax 锐度的系数,默认值设置为 100,然后以 $r_{y \to x}(u)$ 为条件来合成图像。

10.2.2　空间自适应去规范化

对于传统的批规范化(Batch Normalization,BN),给定一个批次的输入特征图 $x \in \mathbf{R}^{b,c,h,w}$,BN 所起的作用是对整个批次中同一通道的特征图进行规范化,其表达形式如下:

$$\begin{cases} \mu_c(x) = \dfrac{1}{bhw} \sum_{b,h,w} x_{\mathrm{bchw}} \\[3mm] \sigma_c(x) = \sqrt{\dfrac{1}{bhw} \sum_{b,h,w} (x_{\mathrm{bchw}} - \mu_c)^2 + \varepsilon} \\[3mm] \hat{x}_{\mathrm{bchw}} = \dfrac{x_{\mathrm{bchw}} - \mu_c(x)}{\sigma_c(x)} \end{cases} \tag{10-1}$$

其中,ε 是设置的小正常数;b、c、h、w 分别表示训练批次的大小、通道数、特征图的高度和宽度。进行通道内的仿射变换,其表达形式如下:

$$\hat{x}_{\mathrm{bchw}} \leftarrow \gamma_c \hat{x}_{\mathrm{bchw}} + \beta_c \tag{10-2}$$

其中,γ_c 和 β_c 是可学习参数,对同一批次所有样本的空间位置均有效。

为了更好地获取语义图信息,将获取的语义掩码图 m 作为条件,经过卷积操作得到仿射参数 γ_c 和 β_c,其表达形式如下:

$$\hat{x}_{\mathrm{bchw}} = \gamma_c(m) \hat{x}_{\mathrm{bchw}} + \beta_c(m) \tag{10-3}$$

经过 γ_c 和 β_c 的通道缩放和移位,将得到新的经过规范化处理的特征图,该过程称为空间自适应去规范化(SPatially-Adaptive DEnormalization,SPADE)[7],其结构如图 10.6 所示。

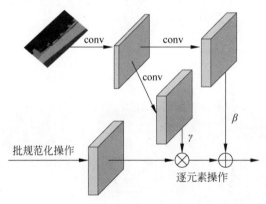

图 10.6 SPADE 结构图

SPADE 与传统的 BN 不同,仅依赖于输入的语义掩码图,并且随位置 (h,w) 而发生变化。使用符号 $\gamma^i_{c,h,w}(m)$ 和 $\beta^i_{c,h,w}(m)$ 表示将 m 转换为第 i 个激活图中位置点 (c,h,w) 的缩放值和偏置值的函数,其中,i 指网络的某一层,而且可以使用简单的两层卷积网络实现函数 $\gamma^i_{c,h,w}(m)$ 和 $\beta^i_{c,h,w}(m)$。另外,对于任何空间不变的条件数据,SPADE 可以简化为条件批规范化操作,SPADE 可以看作现有的规范化方法的泛化。对于语义图像合成任务,由于调制参数与输入分割掩码是自适应的,因此 SPADE 具有较明显的优势。

10.2.3 图像生成网络

通过 $r_{y \to x}$ 的引导,图像生成网络将常数码值 z 转换为期望输出 $\hat{x}_B \in B$。为了保留 $r_{y \to x}$ 的结构信息,采用 SPADE 将空间变化的范例风格映射到不同的激活位置。为什么选择 SPADE?传统的规范化层倾向于去除输入的标签图的语义信息。当输入的标签值为同一值时,所有的数据会变为 0(均值为 0)。而 SPADE 层会有效地学习标注图的语义信息。

图像生成网络有 L 层,通过逐步卷积注入变形后的范例风格,每一次注入风格均要通过位置归一化和空间自适应去规范化,最终得到输出图像。形式上,在第 i 个规范化层之前,给定激活 $\boldsymbol{F}^i \in \mathbf{R}^{C_i \times H_i \times W_i}$,然后通过

$$\alpha_{h,w}^i(\boldsymbol{r}_{\boldsymbol{y} \to \boldsymbol{x}}) \times \frac{F_{c,h,w}^i - \mu_{h,w}^i}{\sigma_{h,w}^i} + \beta_{h,w}^i(\boldsymbol{r}_{\boldsymbol{y} \to \boldsymbol{x}})$$

注入范例风格,其中 $\mu_{h,w}^i$、$\sigma_{h,w}^i$ 与 BN 相比是跨通道方向单独计算的统计值,规范化参数 α^i 和 β^i 表征了样本的风格。通过对每个规范化层进行风格转换,整个图像生成网络可以表示为

$$\hat{x}_B = G(z, T(\boldsymbol{r}_{\boldsymbol{y} \to \boldsymbol{x}}; \theta_T); \theta_G)$$

其中,T 表示映射关系;θ_T 和 θ_G 表示可学习参数。

10.2.4 网络结构介绍

CoCosNet 网络的模型结构如图 10.7 所示,包括两部分:跨域对齐网络和图像生成网络。将语义图和范例图像输入跨域对齐网络,将两个域的图像映射到一个中间域,在中间域上找到二者的匹配关系,然后利用匹配关系将范例图像变形;最后利用多层卷积的图像生成网络和变形的范例图像逐步生成高质量的目标域图像。

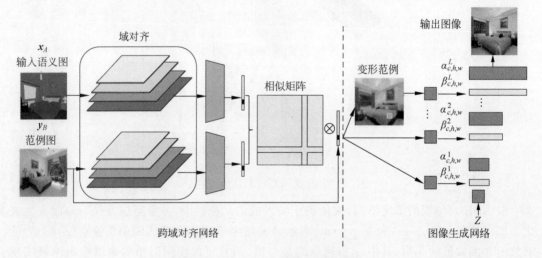

图 10.7　CoCosNet 网络的模型结构

CoCosNet 网络训练时,跨域对齐网络与图像生成网络联合训练。该网络实现图像翻译的过程如下:

首先,为了方便寻找两种不同域图像之间的对应关系,将输入语义图和范例图映射到一个中间域 S,将两者分别转换成对应 S 域中的表示,该过程构成域对齐损失函数,表示为 $L_{\text{domain}}^{l_1} = \| F_{A \to S}(\boldsymbol{x}_A) - F_{B \to S}(\boldsymbol{y}_B) \|_1$,若中间域映射结果较好,则 $\boldsymbol{x}_A$ 和 $\boldsymbol{y}_B$ 转换到 S 域的表示 $\boldsymbol{x}_S$ 和 $\boldsymbol{y}_S$ 是语义对齐的。这里由于 $\boldsymbol{x}_A$ 和 $\boldsymbol{y}_B$ 属于不同域,因此无法利用常用的预训练的分类特征提取器直接提取两者的特征,而是利用训练集中 $\boldsymbol{x}_A$ 与其目标域配对的 $\boldsymbol{y}_B$ 训练两个域的特征提取器,即 $F_{A \to S}(\cdot)$ 和 $F_{B \to S}(\cdot)$。

然后,计算 $\boldsymbol{x}_S$ 和 $\boldsymbol{y}_S$ 两者之间的语义相关性,通过计算两者的相关矩阵,并且通过 softmax 加权选择最相关的像素,这样可得到一幅直接通过输入图像将范例图像变形的图像,所形成的损失函数称为正则损失,表示为

$$L_{\text{reg}} = \| \boldsymbol{r}_{\boldsymbol{y}\to\boldsymbol{x}\to\boldsymbol{y}} - \boldsymbol{y}_B \|_1, \boldsymbol{r}_{\boldsymbol{y}\to\boldsymbol{x}\to\boldsymbol{y}}(v) = \sum_u \text{softmax}_u\left(\alpha M(u,v)\right) \cdot \boldsymbol{r}_{\boldsymbol{y}\to\boldsymbol{x}}(u)$$

上述两个损失函数的作用是:如果没有第一个域对齐损失,则会造成两个域不能实现对应,变形图像会出现过度平滑;如果没有第二个对应正则损失,则会产生不正确的对应,导致最后生成的图像质量不佳。图像生成网络主要通过逐步卷积注入变形后的范例风格,每一次注入风格均需要通过位置归一化和空间自适应去规范化,最终得到输出图像。该过程包含以下损失函数:

(1) 特征匹配损失表示为

$$L_{\text{feat}} = \sum_l \lambda_l \| \phi_l(G(\boldsymbol{x}_A, \boldsymbol{x}'_B)) - \phi_l(\boldsymbol{x}_B) \|_1$$

其中,$\boldsymbol{x}_B$ 作为基准(Ground Truth,GT)图像;$\boldsymbol{x}'_B$ 表示对 $\boldsymbol{x}_B$ 做随机变形,如裁剪或翻转等操作,如果把 $\boldsymbol{x}'_B$ 作为范例图像,$\boldsymbol{x}_A$ 作为输入图像,则生成图像应为 $\boldsymbol{x}_B$;$\phi_l(\cdot)$ 表示 VGG19 的第 l 层激活,这里主要考虑高层特征。

(2) 范例图像转换损失包括感知损失和上下文损失函数,感知损失表示为

$$L_{\text{perc}} = \| \phi_l(\hat{\boldsymbol{x}}_B) - \phi_l(\boldsymbol{x}_B) \|_1$$

该损失函数主要是为了约束全局高频特征的相似性,即输出图像和范例图的对应物体风格的一致性,这里主要考虑 VGG19 的低层特征;上下文特征表示为

$$L_{\text{context}} = \sum_l w_l \left[-\log\left(\frac{1}{n_l}\sum_i \max_j A^l(\phi_i^l(\hat{\boldsymbol{x}}_B), \phi_j^l(\boldsymbol{y}_B))\right) \right]$$

其中,w_l 控制不同层的相对重要性;$A^l(\cdot)$ 是相似性度量[14],该损失函数约束的是局部特征。

(3) 对抗损失与一般 GAN 的损失函数类似,表示为

$$L_{\text{adv}}^D = -E[h(D(\boldsymbol{y}_B))] - E[h(-D(G(\boldsymbol{x}_A, \boldsymbol{y}_B)))]$$

$$L_{\text{adv}}^G = -E[D(G(\boldsymbol{x}_A, \boldsymbol{y}_B))]$$

其中,$D(\cdot)$ 是判别器;$G(\cdot)$ 是生成器;$h(t) = \min(0, -1+t)$,是 hinge 损失的表示方法,该对抗损失主要是为了使生成图像属于期望的域,提高生成图像的质量。

CoCosNet 网络的总损失函数表示如下:

$$L_\theta = \min_{F,T,G}\max_D \varphi_1 L_{\text{feat}} + \varphi_2 L_{\text{perc}} + \varphi_3 L_{\text{context}} + \varphi_4 L_{\text{adv}}^G + \varphi_5 L_{\text{domain}}^{l_1} + \varphi_6 L_{\text{reg}} \quad (10\text{-}4)$$

其中,φ 是平衡参数,主要用于平衡训练目标。

10.3　实验操作

10.3.1　代码介绍

本实验所需要的环境配置如表 10.1 所示。

表 10.1　实验环境

操作系统	Ubuntu 18.04
开发语言	Python 3.6
深度学习框架	Pytorch 1.4.0
相关库	matplotlib torchvision 0.2.2 scikit-image 0.14.2 opencv-python scipy

由于解压后的代码文件夹中带有一个名为 requirements.txt 的文件,可直接在命令行中输入命令:

```
$ pip install - r requirements.txt
```

即可创建该实验所需的环境并安装 torch、torchvision、opencv、scipy 等主体库。

实验项目文件可扫描书中提供的二维码获得。下载完成之后,解压得到名为 CoCosNet-master 的实验项目文件夹。CoCosNet-master 文件夹的有关内容如下所示:

```
CoCosNet - master ---------------------------------------------- 工程根目录
├─ test.py ------------------------------------------------ 测试文件
├─ train.py ----------------------------------------------训练文件
├─data ------------------------------------ 定义用于加载图像和标签映射的类
├─models ----------------------------------------------------- 网络模型
│   ├─ pix2pix_model.py ---------------------------------------pix2pix 模型
│   ├─ __init__.py
│   ├─ networks ----------------------------------------------- 网络结构
│   │   ├─ architecture.py
│   │   ├─ base_network.py ------------------------------------- 基础网络结构
│   │   ├─ ContextualLoss.py ----------------------------------- 上下文损失函数
│   │   ├─ correspondence.py ----------------------------------- 对齐网络
│   │   ├─ discriminator.py ------------------------------------ 判别器网络
│   │   ├─ generator.py ---------------------------------------- 生成器网络
│   │   ├─ loss.py -------------------------------------------- 损失函数文件
│   │   ├─ normalization.py ------------------------------------ 规范化文件
│   │   ├─ __init__.py
│   ├─options --------------------------------网络测试、训练等过程中相关参数的选项
│   ├─ base_options.py
│   ├─ test_options.py ---------------------------------- 测试过程中相关参数的选项
│   ├─ train_options.py --------------------------------- 训练过程中相关参数的选项
│   ├─ __init__.py
├─trainers -------------------------------------------------训练器文件
│   ├─ pix2pix_trainer.py --------------------------------- pix2pix 网络训练器
│   ├─ __init__.py
├─util ------------------------------------------------------常用的公共方法
│   ├─ iter_counter.py --------------------------------------- 迭代次数计数
│   ├─ mask_to_edge.py --------------------------------------- 图像边缘掩码
│   ├─ util.py
│   ├─ __init__.py
```

10.3.2　数据集介绍

在本实验中,使用的数据集为 ADE20K,数据集部分图像如图 10.8 所示。该数据集由约 27 000 张图像组成,这些图像来自 SUN(2010 年普林斯顿大学公开的数据集)和 Places (2014 年 MIT 公开的数据集)数据集。ADE20K 有超过 3000 个物体类别,其中很多图像是物体的零部件的类别,并且存在更小的零部件的类别,如汽车的零部件——门,门上面的零部件——窗户。ADE20K 中还标注了实例的 ID,可用于实例分割。数据中的图像都进行了匿名化处理,做了人脸和车牌号的模糊,去除了隐私信息。

ADE20K 数据集:共包含 27 574 张图像,3688 个类,707 868 个目标以及 193 238 个零部件。可扫描书中提供的二维码获得 ADE20K 数据集下载地址。

图 10.8　ADE20K 数据集部分图像

10.3.3　实验操作与结果

1. 训练网络模型

(1)扫描书中提供的二维码下载预训练的 VGG 模型 vgg19_conv.pth,然后将该模型保存至/CoCosNet-master/models/目录,该模型可用于计算训练损失。

(2)下载 ADE20K 数据集,解压数据集文件并将其保存至/CoCosNet-master/data 目录下,然后将数据集中的训练集图像/CoCosNet-master/data/ADEChallengeData2016/annotations/ADE_train_ *.png 移动到 /CoCosNet-master/data/ADEChallengeData2016/images/training/目录。将测试集图像/CoCosNet-master/data/ADEChallengeData2016/annotations/ADE_val_ *.png 移动到/CoCosNet-master/data/ADEChallengeData2016/images/validation/目录。

(3)使用图像检索的方式寻找范例并训练,扫描书中提供的二维码下载 ade20k_ref.txt 和 ade20k_ref_test.txt,保存或者替换至/CoCosNet-master/data/目录下。

(4)将 dataset_path 更改为数据集路径,即可以更改为/CoCosNet-master/data/ADEChallengeData2016/images 目录。

(5)训练 CoCosNet 网络模型。

```
$ python train.py -- use_attention -- maskmix -- warp_mask_losstype direct -- weight_mask
100.0 -- PONO -- PONO_C -- batchSize 32 -- vgg_normal_correct -- gpu_ids 0
```

（6）若不使用范例图像的掩码，可以运行如下代码：

```
$ python train.py -- use_attention -- maskmix -- noise_for_mask -- mask_epoch 150 -- warp_
mask_losstype direct -- weight_mask 100.0 -- PONO -- PONO_C -- vgg_normal_correct --
batchSize 32 -- gpu_ids 0,1,2,3,4,5,6,7
```

（7）训练完毕后，将得到的模型保存在/CoCosNet-master/checkpoints/ADE20K 目录下。

2. 测试网络模型

（1）下载使用预训练的模型（扫描二维码下载）并保存至 /CoCosNet-master/checkpoints/
ADE20K 目录。

（2）执行如下测试代码，结果保存至/CoCosNet-master/output/test/ADE20K 目录下：

```
$ python test.py -- name ade20k -- dataset_mode ade20k -- dataroot ./imgs/ade20k -- gpu_ids
0 -- nThreads 0 -- batchSize 6 -- use_attention -- maskmix -- warp_mask_losstype direct --
PONO -- PONO_C
```

（3）若不想使用范例图像的掩码，可以下载预训练模型并保存至/CoCosNet-master/
checkpoints/ADE20K 目录下，然后执行如下命令：

```
$ python test.py -- name ade20k -- dataset_mode ade20k -- dataroot /CoCosNet-master/data/
ADEChallengeData2016/images -- gpu_ids 0 -- nThreads 0 -- batchSize 6 -- use_attention --
maskmix -- noise_for_mask -- warp_mask_losstype direct -- PONO -- PONO_C -- which_epoch 90
```

结果将保存至/CoCosNet-master/output/test/ADE20K 目录。

3. 实验结果展示

在以下实验示例中，选取 3 个样本进行图像翻译实验，实验结果如图 10.9 所示。第一

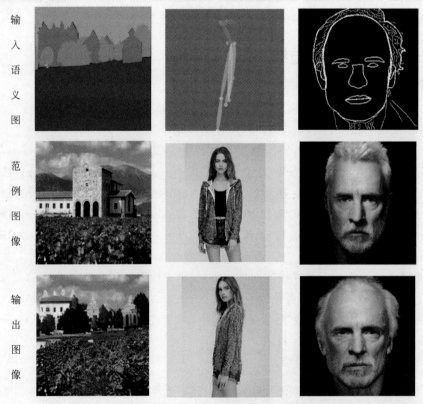

图 10.9　实验结果展示

行是输入的语义图,第二行是范例图像,第三行是输出结果。

10.4　总结与展望

图像翻译主要是实现图像之间不同形式的转换,比如以 RGB 图像、边缘映射、语义分割等形式展现。Pix2pixHD 是图像翻译最常用的方法之一,通过阶段性的金字塔式结构,能够生成高分辨率的图像。但是该方法存在一些缺陷:生成图像与语义图之间是一对一映射的关系,合成图不具有灵活性;当输入的数据与训练集中的数据差距较大时,生成的结果很可能差强人意。

本实验中的 CoCosNet 是一种基于范例的图像翻译方法,通过给定范例图像的不同域(例如,语义分割掩码、边缘映射或姿势关键点)的输入,可以合成与语义图相似的图像,并且输出的样式(例如,颜色、纹理)与范例中语义对应的目标一致。该网络框架通过联合学习跨域对齐网络和图像生成网络,将来自不同域的图像对齐到中间域,在中间域建立密集对应关系,而且,该网络根据样本中语义对应的补丁进行图像合成。实验结果表明,该模型能够很好地完成图像翻译任务。

2021 年的 CVPR 会议上,Lee 等发表了一篇图像翻译论文 *DRANet：Disentangling Representation and Adaptation Networks for Unsupervised Cross-Domain Adaptation*[15]。DRANet 将图像表示分离开,并在潜在空间中传输视觉属性,以实现无监督的跨域自适应。该方法与现有的域自适应方法不同,它保留了每个域特征的独特性,且对源图像和目标图像的内容(场景结构)和风格(艺术外观)单独进行编码,然后将转换的模式因子以及为每个域指定的可学习权重合并到内容因子中,以此来调整域。该学习框架允许使用单个编码器网络进行双向/多向域自适应,并进行域转移。此外,该模型还给出了一个内容自适应域传输模块,该模块有助于在传输模式的同时保留场景结构。实验结果表明:DRANet 模型成功地分离了内容和风格因素,合成了视觉上令人愉悦的域转移图像。

参考文献

[1]　Smith A R,Blinn J F. Blue screen matting[C]//Proceedings of Annual Conference on Computer Graphics and Interactive Techniques,1996.

[2]　Turk M A,Pentland A P. Face recognition using eigenfaces[C]//Proceedings of the IEEE Conference on Computer Vision and Pattern Recognition,1991.

[3]　陈智. 基于卷积神经网络的语义分割研究[D]. 北京:北京交通大学,2018.

[4]　Goodfellow B I,Abadie J P,Mirza M,et al. Generative adversarial networks[C]//Proceedings of Advances in Neural Information Processing Systems,2014.

[5]　Isola P,Zhu J,Zhou T,et al. Image-to-image translation with conditional adversarial networks[C]// Proceedings of the IEEE Conference on Computer Vision and Pattern Recognition,2017.

[6]　Wang T,Liu M,Zhu J,et al. High-resolution image synthesis and semantic manipulation with conditional GANs[C]//Proceedings of the IEEE Conference on Computer Vision and Pattern Recognition,2018,8798-8807.

[7]　Park T,Liu M,Wang T,et al. Semantic image synthesis with spatially-adaptive normalization[C]// Proceedings of the IEEE Conference on Computer Vision and Pattern Recognition,2019.

［8］　Huang X，Liu M，Belongie S，et al.　Multimodal unsupervised image-to-image translation［C］//Proceedings of the European Conference on Computer Vision，2018.

［9］　Ma L，Jia X，Georgoulis S，et al.　Exemplar guided unsupervised image-to-image translation with semantic consistency［C］，In：Proceedings of the International Conference on Learning Representations，2019.

［10］　Huang X，Belongie S.　Arbitrary style transfer in realtime with adaptive instance normalization［C］//Proceedings of the IEEE International Conference on Computer Vision，2017.

［11］　Zhang P，Zhang B，Chen D，et al.　Cross-domain correspondence learning for exemplar-based image translation［C］//Proceedings of the IEEE Conference on Computer Vision and Pattern Recognition，2020.

［12］　Lee J，Kim D，Ponce J，et al.　Sfnet：Learning object-aware semantic correspondence［C］//Proceedings of the IEEE Conference on Computer Vision and Pattern Recognition，2019，2278-2287.

［13］　Lin t，Dollár p，Girshick r，et al.　Feature pyramid networks for object detection［C］//Proceedings of the IEEE Conference on Computer Vision and Pattern Recognition，2017.

［14］　Mechrez R，Talmi I，Manor L Z.　The contextual loss for image transformation with non-aligned data［C］//Proceedings of the European Conference on Computer Vision，2018.

［15］　Lee S，Cho S，Im S.　Dranet：Disentangling representation and adaptation networks for unsupervised cross-domain adaptation［C］//Proceedings of the IEEE Conference on Computer Vision and Pattern Recognition，2021.

## 第 11 章

图像转文本

在现实环境中,人们主要通过视频、图像和文本获取信息。图像生动形象,能够给人留下深刻的印象;文本概括性强,能够以简洁的形式描述并传递信息。通常人们只需要看一眼照片或图像就足以生成基于自然语言的字幕。但是,由于大多数计算机视觉问题都集中在识别和分类问题上,因此图像字幕生成任务的研究仍具有挑战性。

日常生活中,人们可以在图像中的场景、色彩、逻辑关系等底层视觉特征信息间自动建立关系,从而感知图像的高层语义信息,但是计算机作为工具只能提取到数字图像的底层数据特征,而无法像人类大脑那样生成高层语义信息,这就是计算机视觉中的"语义鸿沟"问题。图像字幕生成技术(Image Caption Generation)的本质就是将计算机提取的图像视觉特征转化为高层语义信息,即解决"语义鸿沟"问题,使计算机生成与人类大脑理解相近的对图像的文字描述,从而可以对图像进行分类、检索、分析等处理任务。图像描述技术已被广泛应用于智能信息传播、智慧家居和智慧交通等领域,对人们的日常生活有重要的实际意义。

图像转文本就是以图像作为输入,通过生成模型使计算机输出对应图像的自然语言描述文字,使计算机拥有"看图说话"的能力,如图 11.1 所示。该任务可以将图像概括成文本,将图像中的对象信息以及对象之间的关系通过一段文字来描述,从而实现辅助理解一些难以理解的图像。另外,对于视觉有障碍的人士,其获取信息的方式主要通过声音,而将图像转化为声音信息需要将图像转化为文本这一中间过程,然后才能将文本读出转化为声音信号。另一方面,图像字幕生成对于计算机图像检索也有一定的作用,通过图像字幕生成,为标记的图像获取标题,从而通过文字实现图像检索。

(1) 越野摩托车手在山上

(2) 一个家伙在山上骑摩托车

(3) 一辆越野摩托车正在一条

肮脏的道路上快速移动

(4) 一个人在空中骑黑摩托车

图 11.1　图像转文本示意图

11.1 背景介绍

图像转文本,换个说法就是人工智能(Artificial Intelligence,AI)字幕生成,主要目的是通过自然语言的形式对图像中的内容进行准确描述。这种技术具有广泛的应用场景,如多模态图像/文本检索,复杂场景理解,甚至可以帮助视障人士进行图文阅读。

早期的字幕生成方法基于简单的模板生成[1,2],由目标检测器或属性预测器的输出填充。随着深度神经网络的出现,很多字幕技术都使用循环神经网络(Recurrent Neural Network,RNN)作为语言模型,并使用卷积神经网络(CNN)的一层或多层的输出来完成视觉信息编码和条件语言生成[3],如图 11.2 所示。随着强化学习的引入,它可以在不可微分的字幕指标(如 METEOR、BLEU 和 CIDEr 等)上直接训练图像字幕网络[4],并且已经取得了显著成果。Lu 等[5,6]在图像编码阶段,采用单层注意机制来整合空间知识,首先利用 CNN 获取特征信息,然后利用目标检测器提取图像区域的特征。为了进一步改进目标及其视觉关系的表示,Yao 等[7]提出在图像编码阶段使用图卷积神经网络来整合目标之间的语义关系和空间关系。

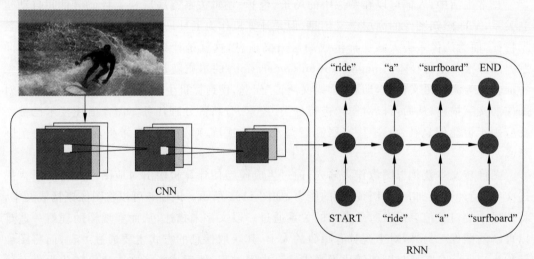

图 11.2　CNN-RNN 实现图像字幕生成

随着卷积语言模型[8]的出现,新的全注意力模式(fully-attentive paradigms)[9,10]被提出,并且在机器翻译和语言理解任务中取得了较好的结果。最近,Transformer 模型[11]的出现及其在各领域的良好效果,使得众多研究人员对其在图像字幕生成任务中的应用也产生了兴趣,并进行了大量探索研究。Transformer 包括一个由自注意力层和前馈层堆叠而成的编码器,以及一个包含自注意力层和交叉注意力层的解码器。Herdade 等[12]使用 Transformer 架构进行图像字幕生成,添加了对象关系模块,通过几何注意力对对象之间的空间关系信息进行整合,以生成更好的描述。Li 等[13]为了弥补语义上的鸿沟,构建了基于 Transformer 的序列建模框架,该模型利用了由外部标记器提供的视觉信息和语义知识。Huang 等[14]扩展了常规的注意力机制,将 Transformer 的编码部分和 LSTM 解码器做了巧妙的结合,利用注意力结果和当前的上下文生成一个信息向量和注意力门,实现了二次注意的效果。Transformer 实现图像字幕生成的结构如图 11.3 所示。

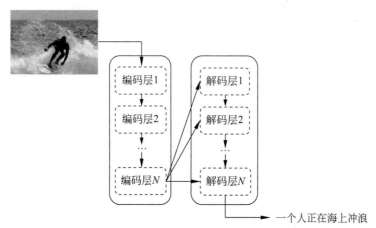

图 11.3　Transformer 实现图像字幕生成的结构

　　上述提到的方法中利用了原始的 Transformer 架构,虽然取得了一定的成果,但仍存在缺陷,即对图像字幕生成等多模态上下文的适用性不够明显。2020 年 Xu 等[15] 提出了 Meshed-Memory Transformer for Image Captioning(M2 Transformer)的图像转文本方法,该体系结构改进了图像编码和语言生成步骤:它结合学习到的先验知识来学习图像区域之间关系的多级表示,并在解码阶段使用类似网格的连接来获取低级和高级特征。

11.2　算法原理

11.2.1　自注意力机制

　　当人们观察一个事物的时候,眼睛会特别关注物体上比较特别的地方,而不自觉地忽略物体其他的地方,这就是注意力机制的由来。这种机制使得眼睛可以快速捕捉关键信息。

　　经过神经网络得到的一系列隐状态中,有些隐状态是特别重要的,需要特别重视,所以可以赋予其比较大的权重;若是不重要的隐状态,那么就赋予其比较小的权重。那么将这些权重写成矩阵(注意力权重矩阵)形式后,再与隐状态相乘,重要的隐状态对整个和的结果影响更大,不重要的隐状态对结果几乎无影响。在神经网络中加入注意力机制的好处是,使得该网络可以记住更多之前输入的信息,进而更好地处理有用和无用的信息。

　　自注意力机制关注自身输入数据之间的相对重要性,不需要借助额外先验知识的指导,可以自动捕捉数据之间的相关性,进而挖掘出潜在的关键信息,减少对外部特征信息的依赖。自注意力机制的主要结构如图 11.4(a)所示。

　　首先将输入 $\boldsymbol{X}$ 分别映射成 $\boldsymbol{Q}$、$\boldsymbol{K}$、$\boldsymbol{V}$ 特征,该映射过程可表示为

$$\boldsymbol{Q} = \boldsymbol{X}\boldsymbol{W}_Q, \quad \boldsymbol{K} = \boldsymbol{X}\boldsymbol{W}_K, \quad \boldsymbol{V} = \boldsymbol{X}\boldsymbol{W}_V$$

其中,$\boldsymbol{W}_Q$、$\boldsymbol{W}_K$ 和 $\boldsymbol{W}_V$ 均为可学习的权重。然后计算 $\boldsymbol{Q}$ 和 $\boldsymbol{K}$ 的乘积,并将其结果进行缩放,避免出现因乘积结果过大而引起梯度消失的问题;再利用 softmax 函数对其进行归一化,得到自注意力权重,该过程可表示为:

$$W = \text{softmax}\left(\frac{\boldsymbol{Q}\boldsymbol{K}^{\text{T}}}{\sqrt{d}}\right)$$

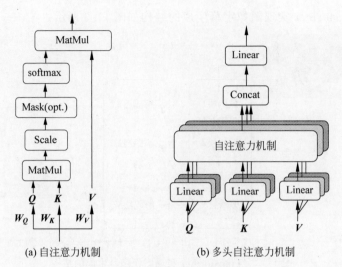

(a) 自注意力机制   (b) 多头自注意力机制

图 11.4　自注意力机制结构图

其中，W 为自注意力权重，d 为 Q 和 K 的维度。最后自注意力机制的输出 $Y = WV$。

　　Transformer 结构中构造了一种多头自注意力机制，可以充分发掘数据之间的相关性及隐藏信息，多头自注意力机制的结构如图 11.4(b)所示。

　　首先对 Q、K、V 特征均分别进行 h 次不同的线性空间投影，得到 h 组维度均为 d_{head} 的 Q'_i、K'_i 和 V'_i 特征，并分别用自注意力机制处理每组 Q'_i、K'_i 和 V'_i 特征，得到 h 个维度均为 d_{head} 的自注意力结果，并将所有结果拼接后再次进行线性映射，最终得到多头自注意力机制的输出，该过程可表示为

$$Y_{\text{mutil}} = W_m \text{Concat}(Y_{\text{head}}^1, Y_{\text{head}}^2, \cdots, Y_{\text{head}}^h)$$

其中，Y_{mutil} 为多头自注意力机制的输出；h 为自注意力头的总数；Y_{head}^i 为第 i 个自注意力头的输出；$\text{Concat}(\cdot)$ 为拼接操作；W_m 为可学习的参数。

　　在多头自注意力机制中，虽然每个注意力头的输入均为同一组 Q 特征、K 特征和 V 特征，但是为了降低计算复杂度，经过线性映射后，每个注意力头的 Q'_i、K'_i 和 V'_i 特征的维度均降为原输入维度的 $1/h$，进而其所对应输出 Y'_i 的维度通常也为输入维度的 $1/h$，经过拼接操作和线性映射后，多头自注意力机制的输出维度将与输入维度保持一致。

11.2.2　Transformer

　　Transformer 可用于完成自然语言处理任务和计算机视觉任务，并且已经取得了显著的成果。Transformer 是一种编码-解码结构，相比于常用的循环神经网络以及长短时记忆网络，其最大的优势在于其具有自注意力机制，并且可以实现并行计算。另外，Transformer 本身是不能利用单词的顺序信息的，因此需要在输入中添加位置嵌入(embedding)，否则 Transformer 就是一个词袋模型了。

　　Transformer 的重点是自注意力机制，其中用到的 Q、K、V 矩阵是通过线性变换得到的。Transformer 的多头注意力机制中有多个自注意力(self-attention)，可以捕获单词之间多种维度上的相关系数。Transformer 的结构如图 11.5 所示。

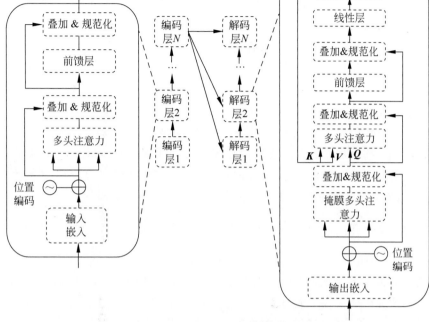

图 11.5 Transformer 的结构示意图

Transformer 用于文本翻译的流程如下。

(1) 首先获取输入句子的每一个单词的表示向量 X，X 由单词的嵌入(Embedding，是从原始数据提取出来的特征)和单词位置的嵌入相加得到。

(2) 将得到的单词表示构成的矩阵传入编码器,经过多个编码层后可以得到句子所有单词的编码信息矩阵 C,每一个编码层输出的矩阵维度与输入完全一致。

(3) 将输出的编码信息矩阵 C 传递到解码器中,解码器依次会根据当前翻译过的单词翻译下一个单词。在使用的过程中,翻译到第 $i+1$ 个单词的时候需要通过掩膜(mask)操作遮盖住第 $i+1$ 个单词之后的所有单词。

1. 编码器

编码器(encoder)首先对输入句子进行描述,将单词的嵌入和单词位置的嵌入相加得到每一个单词的表示向量 X。然后经过多头注意力之后,获得和输入词向量 X 维度相同的向量 Z。之后将 X 与 Z 相加后再进行 LayerNorm 规范化。LayerNorm 是以单个样本为目标,把样本所有维度的值进行规范化。经过 LayerNorm 后得到了新的向量 s,然后送入前馈神经网络中,可以理解为又经历了一个线性转换,线性转换后的值再和 s 进行相加,然后LayerNorm 规范化的操作输出高阶向量 R。另外,这里引入叠加(add)残差操作,将多头注意力得到的向量 Z 和原始的 X 向量相加得到新的向量 Z,这也是对向量 Z 的一个补充。同样,向量 Z 经过前馈(feed forward)之后生成向量 R 并再与 Z 相加,这个过程也是对向量 R 的一个补充,这里利用了残差的思想。

2. 解码器

解码器(decoder)中的内部结构与编码器的内部结构具有一定的相似性,比如在编码器中通过多头注意力实现并行化计算,而在解码器中与之对应的是掩膜多头注意力。掩膜的作用是:在编码器的多头注意力的计算过程中,由于输入的单词向量是已知的,所以每个单词的相关系数都是可以一次性计算出来的;但是在解码器中,需要先解出第一个单词,再将第一个单词作为输入依次解出后续的单词,那么在解第一个单词的时候由于后面所有的单词都是未知的,所以需要对当前时刻以后的信息进行掩盖,即进行掩膜操作。具体来说,将对应位置的相关系数值设为负无穷,这样在进行 softmax 转换后得到对应的值为 0。用掩膜矩阵作用于每个头的输出矩阵上便可得到对应的相关系数矩阵,再经过 softmax 变换便可得到系数值 α,进而得到注意力的向量 z。

解码器最后输出的是一个向量,但是最终需要的是单词,这就是线性层和 Softmax 层所要解决的问题。线性层是一个全连接神经网络,将解码器输出的较小维度的向量映射为字典大小维度的向量,这个向量就是对数向量。这个向量再经过 Softmax 转换为各个维度对应的概率值,最高概率对应维度所对应的单词便是解码器要输出的单词。

11.2.3 M² Transformer

如何增强 Transformer 模型架构对图像字幕生成等多模态上下文的适用性?本实验将实现一种用于图像字幕生成的带有记忆的 Transformer 结构,即 M² Transformer。该体系结构改进了图像编码和语言生成过程,它结合学习到的先验知识来优化图像区域之间关系的多级表示,并在解码阶段使用类似网格的连接来开发低级和高级特征。

M² Transformer 结构是一种编码-解码结构,编码部分处理来自输入图像的区域,并对区域之间的关系进行解析;解码部分从每个编码层的输出中读取内容,然后逐字生成输出标题。M² Transformer 的结构如图 11.6 所示,其与 Transformer 的不同之处如下:

(1) 加入了先验知识学习的记忆内容,即记忆部分。

(2) 对于交叉注意力部分,将每层的编码层输出均做一次注意力运算,并利用了低层和高层的所有信息。

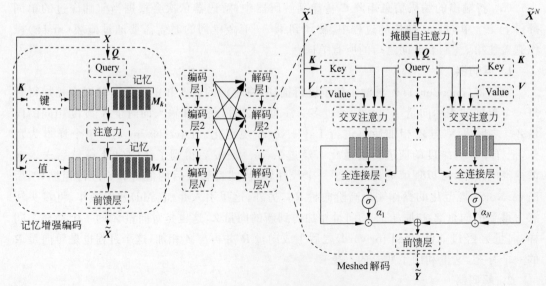

图 11.6 M² Transformer 的结构图

1. 记忆增强编码

在 Transformer 中，自注意力操作

$$S(\boldsymbol{X}) = \text{Attention}(\boldsymbol{W}_q \boldsymbol{X}, \boldsymbol{W}_k \boldsymbol{X}, \boldsymbol{W}_v \boldsymbol{X})$$

可以看作是对输入集中的两元素之间关系进行编码的一种方式，其中，$\boldsymbol{X}$ 表示从输入图像中提取的一组图像区域，$\boldsymbol{W}_q$、$\boldsymbol{W}_k$ 和 $\boldsymbol{W}_v$ 为可学习权重矩阵。当使用图像区域或者图像区域衍生的特征作为输入集时，$S(\cdot)$ 可以在描述输入图像之前，对理解输入图像所需的区域之间的两两关系进行编码。

然而，自注意力的这种编码特性有一定的局限性。因为一切都仅依赖于区域间两两元素之间的相似性，自注意力不能对图像区域之间的关系建立先验知识模型。例如，给定一个编码表示一个人的区域，给定另一个编码表示一个篮球的区域，在没有任何先验知识的情况下，很难推断出球员或游戏的概念。同样，给定编码表示鸡蛋和吐司的区域，图像体现的早餐知识可以较容易地通过关系的先验知识推断出来。

为了克服这种自注意力的局限性，提出了记忆增强编码（Memory-Augmented Encoder）。主要是将用于自注意力的键集合和值集合扩展为附加的"槽"，用于编码先验信息。为了强调先验信息不依赖于输入集合 $\boldsymbol{X}$，附加的键和值是可学习的向量，可以通过随机梯度下降（Stochastic Gradient Descent，SGD）算法直接更新。其操作过程定义为

$$\begin{cases} M_{\text{mem}}(\boldsymbol{X}) = \text{Attention}(\boldsymbol{W}_q \boldsymbol{X}, \boldsymbol{K}, \boldsymbol{V}) \\ \boldsymbol{K} = [\boldsymbol{W}_k \boldsymbol{X}, \boldsymbol{M}_k] \\ \boldsymbol{V} = [\boldsymbol{W}_v \boldsymbol{X}, \boldsymbol{M}_v] \end{cases} \tag{11-1}$$

其中，$\boldsymbol{W}_k$ 和 $\boldsymbol{W}_v$ 是可学习矩阵，$[\cdot, \cdot]$ 表示连接（concat）。由于添加可学习的键和值，通过自注意力有可能检索到尚未嵌入 $\boldsymbol{X}$ 的已学习的知识。

与自注意力操作相同，记忆增强编码可以以多头的方式实现，即可以将记忆增强编码操作重复 h 次，并使用不同的投影矩阵 $\boldsymbol{W}_q$、$\boldsymbol{W}_k$、$\boldsymbol{W}_v$ 和每个头的不同的可学习记忆槽 $\boldsymbol{W}_k$ 和 $\boldsymbol{W}_v$，然后将来自不同头的结果连接起来，并进行线性投影。

将记忆增强编码嵌入一个类似于 Transformer 的层中，记忆增强注意力的输出被应用到一个位置前馈层，该层由两个具有单个非线性的仿射变换组成，它们独立地应用于集合的每个元素。

$$F(\boldsymbol{X})_i = \boldsymbol{U} \sigma(\boldsymbol{V} \boldsymbol{X}_i + b) + c \tag{11-2}$$

其中，$\boldsymbol{X}_i$ 表示输入集的第 i 个向量；$F(\boldsymbol{X})_i$ 表示第 i 个向量的输出，$\sigma(\cdot)$ 为 ReLU 激活函数，$\boldsymbol{V}$ 和 $\boldsymbol{U}$ 为可学习权矩阵，b 和 c 为偏置项。

这些记忆增强注意和位置前馈子组件都被封装在一个残差连接和一个层规范化操作中。编码层的完整定义表示为

$$\begin{cases} \boldsymbol{Z} = \text{AddNorm}(M_{\text{mem}}(\boldsymbol{X})) \\ \widetilde{\boldsymbol{X}} = \text{AddNorm}(F(\boldsymbol{Z})) \end{cases} \tag{11-3}$$

其中，AddNorm 表示残差连接和层规范化。

在上述结构下，多个编码层按顺序堆叠，第 i 层将第 $i-1$ 层的输出作为输入，这相当于创建图像区域之间关系的多级编码，其中更高的编码层可以利用和改进前一层已经确定的关系。因此，N 个编码层的堆叠将产生多级输出 $\widetilde{\boldsymbol{X}} = (\widetilde{\boldsymbol{X}}^1, \widetilde{\boldsymbol{X}}^2, \cdots, \widetilde{\boldsymbol{X}}^N)$，这些结果从每个编

码层的输出中获得。

2. Meshed 解码器

Meshed 解码器以先前生成的单词和区域编码为条件,并负责生成输出标题的下一个标记。利用前面所述的输入图像的多级表示和多层结构,设计了一个网格注意力操作,不同于 Transformer 的交叉注意力操作,它可以在句子生成过程中利用所有编码层。

给定输入向量序列 $\boldsymbol{Y}$,以及所有编码层 $\widetilde{\boldsymbol{X}}$ 的输出,网格注意力操作通过门控交叉注意力将 $\boldsymbol{Y}$ 连接到 $\widetilde{\boldsymbol{X}}$ 中的所有元素,并且对所有编码层进行交叉关注。这些多层级的贡献在调制后被加在一起,网格注意力操作定义为

$$M_{\mathrm{mesh}}(\widetilde{\boldsymbol{X}},\boldsymbol{Y}) = \sum_{i=1}^{N} \boldsymbol{\alpha}_i \odot C(\widetilde{\boldsymbol{X}}^i,\boldsymbol{Y}) \tag{11-4}$$

其中,$C(\cdot,\cdot)$ 表示编码器-解码器交叉注意力,使用解码器的查询以及编码器的键和值计算,表示为

$$C(\widetilde{\boldsymbol{X}}^i,\boldsymbol{Y}) = \mathrm{Attention}(\boldsymbol{W}_q\boldsymbol{Y},\boldsymbol{W}_k\widetilde{\boldsymbol{X}}^i,\boldsymbol{W}_v\widetilde{\boldsymbol{X}}^i)$$

$$\boldsymbol{\alpha}_i = \sigma(\boldsymbol{W}_i[\boldsymbol{Y},C(\widetilde{\boldsymbol{X}}^i,\boldsymbol{Y})] + \boldsymbol{b}_i)$$

其中,$\boldsymbol{\alpha}_i$ 是与交叉注意结果维度相同的权重矩阵;$[\cdot,\cdot]$ 表示拼接;σ 为 sigmoid 激活函数;$\boldsymbol{W}_i$ 为维度为 $2d \times d$ 的权重矩阵;$\boldsymbol{b}_i$ 为可学习的偏置向量。权重 $\boldsymbol{\alpha}_i$ 既可以调节每个编码层的单一贡献,也可以调节不同编码层之间的相对重要性,这些是通过测量每个编码层计算的交叉注意力结果与输入查询之间的相关性来计算的。

编码层以多头的方式应用网格注意力,由于单词的预测应该只依赖于先前预测的单词,解码层包含一个掩膜自注意力操作,该操作将从其输入序列 $\boldsymbol{Y}$ 的第 t 个元素派生的查询与从左子序列获得的键和值连接起来。此外,解码器层包含一个位置前馈层,如式(11-5)所示,所有组件都封装在 AddNorm 操作中。解码器层的最终结构可以表示为

$$\boldsymbol{Z} = \mathrm{AddNorm}(M_{\mathrm{mesh}}(\widetilde{\boldsymbol{X}},\mathrm{AddNorm}(S_{\mathrm{mask}}(\boldsymbol{Y}))))$$

$$\widetilde{\boldsymbol{Y}} = \mathrm{AddNorm}(F(\boldsymbol{Z})) \tag{11-5}$$

其中,$\boldsymbol{Y}$ 是输入向量序列;$S_{\mathrm{mask}}(\cdot)$ 表示随着时间的推移被掩膜的自注意力。最后将多个解码器层堆叠在一起,有助于改进对文本输入的解析和下一个 token 的生成。总体来说,解码器接收输入字向量,其输出序列的第 t 个元素编码 $t+1$ 时刻的单词预测。在进行线性投影和 softmax 操作之后,获得字典中单词的概率编码。

11.2.4 网络结构介绍

M^2 Transformer 用于图像转文本时,模型原理如图 11.7 所示。将输入图像经过 M^2 Transformer 模型,可以得到与该图像相关的文本。

与前述图像字幕生成算法相比,M^2 Transformer 有两点不同。

(1)图像区域及其关系以多级方式编码,其中考虑了低层和高层的关系;当建模这些关系时,M^2 Transformer 可以通过使用持久记忆向量来学习和编码先验知识。

(2)句子的生成采用多层架构,利用了低层和高层的视觉关系,而不仅仅是来自视觉模态的单一输入。这是通过学习门控机制实现的,该机制在每个阶段对多级贡献进行加权。

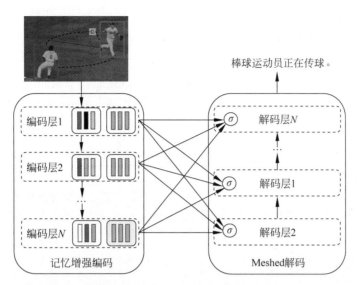

图 11.7　M^2 Transformer 模型原理

从图 11.7 中可以看到，M^2 Transformer 模型封装了一个图像区域多层编码器和一个用于生成输出句子的多层解码器。为了利用低层和高层的贡献，编码和解码层以网状结构连接，通过可学习的门控机制进行加权。另外，在视觉编码器中，图像区域之间的关系以多层方式编码，利用学习到的先验知识并通过持久的记忆向量建模。

11.3　实验操作

11.3.1　代码介绍

本实验所需要的环境配置如表 11.1 所示。

表 11.1　实验环境

应　　用	环　　境
操作系统	Ubuntu 18.04
开发语言	Python 3.6
深度学习框架	Pytorch 1.1.0
相关库	future 0.17.1
	h5py 2.8.0
	matplotlib 2.2.3
	numpy 1.16.4
	pillow 6.2.1
	python-dateutil 2.8.1
	torch 1.1.0
	torchvision 0.3.0
	tqdm 4.32.2

解压后的代码文件夹中有一个名为 environment.yml 的文件，可直接在命令行中输入命令：

```
$ conda env create - f environment.yml
$ conda activate m2release
```

即可创建该实验所需的环境以及安装 torch、torchvision、numpy 等主体库。

 可以扫描书中提供的二维码获得实验项目文件下载地址。下载完成之后解压得到名为 meshed-memory-transformer-master 的实验项目文件夹。meshed-memory-transformer-master 文件夹中代码文件及其功能如下：

```
meshed - memory - transformer - master ------------------------------------- 工程根目录
|   test.py ----------------------------------------------------------- 测试模型文件
|   train.py ---------------------------------------------------------- 训练模型文件
├─data ------------------------------------------ 存放 COCO 数据集以及预处理的元文件
|   ├─ dataset.py ---------------------------------------------- 处理数据集中的数据
|   ├─ example.py ---------------------------------------------------- 训练/测试示例
|   ├─ field.py ------------------------------------------------------- 定义数据类型
|   ├─ utils.py
|   ├─ vocab.py ---------------------------------------------------- 定义词汇表对象
|   ├─ __init__.py
├─evaluation ---------------------------------------------------------- 模型评估文件
|   ├─ tokenizer.py
|   ├─ __init__.py
|   ├─bleu ----------------------------------------------------------- BLEU 评估指标
|   |   ├─ bleu.py
|   |   ├─ bleu_scorer.py
|   |   ├─ __init__.py
|   ├─cider --------------------------------------------------------- CIDER 评估指标
|   |   ├─ cider.py
|   |   ├─ cider_scorer.py
|   |   ├─ __init__.py
|   ├─meteor ------------------------------------------------------- METEOR 评估指标
|   |   ├─ meteor.py
|   |   ├─ __init__.py
|   ├─rouge --------------------------------------------------------- ROUGE 评估指标
|   |   ├─ rouge.py
|   |   ├─ __init__.py
├─models ------------------------------------------------------------------ 模型文件
|   ├─ captioning_model.py ----------------------------------------------- 图像生成文本
|   ├─ containers.py
|   ├─ __init__.py
|   ├─beam_search --------------------------------------------------- eam Search 文件
|   |   ├─ beam_search.py
|   |   ├─ __init__.py
|   ├─transformer --------------------------------------------------- M² Transformer 模型
|   |   ├─ attention.py ------------------------------------------------------- 注意力
|   |   ├─ decoders.py ------------------------------------------------------ 解码器部分
|   |   ├─ encoders.py ------------------------------------------------------ 编码器部分
|   |   ├─ transformer.py ------------------------------------- M² Transformer 整体结构
|   |   ├─ utils.py ----------------------------------------------- 模型中的一些主要函数
|   |   ├─ __init__.py
├─utils ----------------------------------------------------- 加载路径的一些处理函数
|   ├─ typing.py
```

```
|  ├── utils.py
|  ├── __init__.py
```

11.3.2 数据集介绍

在本实验中,使用的数据集为 Microsoft COCO(COCO 数据集),该数据集的示例如图 11.8 所示。数据集可扫描书中提供的二维码获得。

图 11.8 COCO 数据集示例

该数据集主要面向 3 个问题:目标检测、目标之间的上下文关系以及目标的 2D 精确定位。COCO 数据集是一个大型的目标检测、分割和字幕数据集。这个数据集以场景感知为目标,主要从复杂的日常场景中截取,图像中的目标进行了精确的分割和位置的标定。COCO 数据集的规模为 25GB(压缩),图像包括 91 类目标、328 000 个影像和 2 500 000 个标签。

11.3.3 实验操作与结果

1. 环境配置

(1) 构建环境并安装所需库,执行如下程序:

```
$ conda env create - f environment.yml
$ conda activate m2release
```

则可以得到名为 m2release 的虚拟环境,并且配置完成该实验所需的各种包。

(2) 下载 spacy 数据:

```
$ python - m spacy download en
```

2. 数据集准备

（1）下载 COCO 数据集并存放至/data 文件夹下，包括训练集、测试集和验证集；

（2）下载 COCO 数据集的注释文件 annotations. zip 可扫描书中提供的二维码下载。

（3）下载 COCO 检测特征文件 coco_detections. hdf5 可扫描书中提供的二维码下载。

3. 训练网络模型

（1）设置如表 11.2 所示的参数。

表 11.2　训练参数

参　　数	取　　值
--exp_name	实验名称
--batch_size	批次大小(10)
--workers	0
--m	Memory 向量的数目(40)
--head	注意力头的数目（default：8）
--warmup	学习率调节的预设值（default：10000）
--resume_last	如果使用，训练将从最后一个检查点重新开始
--resume_best	如果使用，训练将从最好的检查点重新开始
--features_path	检测特征文件的路径
--annotation_folder	COCO 数据集的注释文件
--logs_folder	Tensorboard 文件路径

（2）设置训练的 epoch，然后执行如下代码：

```
$ python train.py
```

训练完毕即可得到训练好的生成模型。

4. 测试模型

（1）加载模型。若要复现论文中的评估结果，则可以选择加载预训练模型 meshed_memory_transformer. pth，加载地址扫描书中提供的二维码。相应参数设置如表 11.3 所示。

表 11.3　测试参数

参　　数	可能的取值
--batch_size	批次大小（default：10）
--workers	workers（default：0）
--features_path	检测特征文件路径
--annotation_folder	COCO 注释文件路径

若要自己训练，可以加载上述步骤 3（训练网络模型）中得到的训练好的网络模型，所需设置的参数如表 11.3 所示。

（2）执行如下命令：

```
$ python test.py
```

5. 实验结果展示

在以下示例中，对 3 个图像进行文本转换。图 11.9 为实验结果，上面一行是输入图像，下面一行是对应图像输出的文本。

一只猫正在照镜子。　　　　早餐盘中装有鸡蛋和吐司。　　　一辆绿色的卡车停在一堆干草旁。

图 11.9　实验结果图

11.4　总结与展望

图像字幕生成是机器智能面临的一个复杂挑战,因为它涉及计算机视觉和自然语言生成两方面的挑战。这项任务通常可以分为两个部分:第一阶段是对图像特征进行编码;第二阶段生成与图像特征对应的语句。近年来,随着对物体目标区域、属性、物体之间的关系,以及对多模态连接、全注意力方法和 Transformer 架构的融合方法的引入,这两个阶段都得到了极大的发展。这种两阶段的图像字幕生成方法通常利用 CNN 编码视觉信息,使用 RNN 作为语言模型,实现语言生成。虽然性能有所提升,但是由于 CNN 和 RNN 不共享基本网络组件,因此编码器和解码器的优化策略难以统一,很难实现端到端的训练。

为了学习更多高级语义知识,更好地实现图像字幕生成任务,人们提出了 Transformer 架构,对图像与文本进行处理,最终实现端到端的训练。本实验中的 M^2 Transformer 模型封装了一个图像区域多层编码器和一个用于生成输出句子的多层解码器,将编码和解码层以网状结构连接,充分利用了低层和高层的视觉关系。在视觉编码器中,图像区域之间的关系也是以多层方式进行编码,利用学习到的先验知识,通过持久的记忆向量来实现网络建模。

在 2021 年的 CVPR 上,Xu 等发表了新的图像字幕生成论文 *Towards Accurate Text-based Image Captioning with Content Diversity Exploration*[16]。在该论文中作者提出了 Anchor-Captioner 的概念,具体来说,首先找到应该被更多关注的重要标志(token),并将其视为锚点;然后对于每个选定的锚,将其相关文本分组,以构建相应的关键词图;最后基于不同的关键词图,进行多视角字幕生成,以提高生成字幕的内容多样性,在 TextCaps 数据集上该模型的性能优于其他方法。

参考文献

[1]　R. Socher R,Li F F. Connecting modalities:Semi-supervised segmentation and annotation of images using unaligned text corpora[C]//Proceedings of IEEE Conference on Computer Vision and Pattern Recognition,2010.

[2]　Yao B,Yang X,Lin L,et al. I2T:Image parsing to text description[J]//Proceedings of the IEEE,2010,98(8):1485-1508.

[3]　Vinyals O,Toshev A,Bengio S,et al. Show and tell:lessons learned from the 2015 mscoco image captioning challenge[J]. IEEE Transactions on Pattern Analysis and Machine Intelligence,2016,

39(4): 652-663.

[4] Rennie S J,Marcheret E,Mroueh Y,et al. Self-critical sequence training for image captioning[C]// Proceedings of IEEE Conference on Computer Vision and Pattern Recognition,2017.

[5] Lu J,Xiong X,Parikh D,et al. Knowing when to look: Adaptive attention via a visual sentinel for image captioning[C]//Proceedings of IEEE Conference on Computer Vision and Pattern Recognition, 2017.

[6] Lu J,Yang J,Batra D,et al. Neural baby talk[C]//Proceedings of IEEE Conference on Computer Vision and Pattern Recognition,2018,7219-7228.

[7] Yao T,Pan Y,Li Y,et al. Exploring visual relationship for image captioning[C]//Proceedings of the European Conference on Computer Vision,2018.

[8] Aneja J,Deshpande A,Schwing A G. Convolutional image captioning[C]//Proceedings of IEEE Conference on Computer Vision and Pattern Recognition,2018.

[9] Devlin J,Chang,Lee K,et al. BERT: Pre-training of deep bidirectional transformers for language understanding[C]//Proceedings of the Conference of the North American Chapter of the Association for Computational Linguistics: Human Language Technologies,2019.

[10] Sukhbaatar S,Grave E,Lample G,et al. Augmenting Self-attention with Persistent Memory[J/OL]. CoRR abs/1907. 01470,2019.

[11] Vaswani A,Shazeer N,Parmar N,et al. Attention is all you need[C]//Proceedings of Advances in Neural Information Processing Systems,2017.

[12] Herdade S,Kappeler A,Boakye K,et al. Image captioning: Transforming objects into words[C]// Proceedings of Advances in Neural Information Processing Systems,2019.

[13] Li G,Zhu L,Liu P,et al. Entangled transformer for image captioning[C]//Proceedings of the IEEE International Conference on Computer Vision,2019.

[14] Huang L,Wang W,Chen J,et al. Attention on attention for image captioning[C]//Proceedings of the IEEE International Conference on Computer Vision,2019.

[15] Cornia M,Stefanini M,Baraldi L,et al. Meshed-memory transformer for image captioning[C]// Proceedings of IEEE Conference on Computer Vision and Pattern Recognition,2020.

[16] Xu G,Niu S,Tan M,et al. Towards accurate text-based image captioning with content diversity exploration[C]//Proceedings of IEEE Conference on Computer Vision and Pattern Recognition, 2021.

## 第 12 章

文本生成图像

"独怜幽草涧边生,上有黄鹂深树鸣。"这是唐朝诗人韦应物的诗句,诵读该句时,脑海中会出现小溪、小草、小树以及黄鹂这些与诗句对应的"物",然而无法对这些"物"具象化。这时,我们会感慨如果在唐朝已经出现了照相机,就可以将这些所见之景记录下来,然后配上诗人的诗词,这将是多么美好的事情啊!

在当今科技迅速发展的时代,技术的进步可以帮助我们将感慨变为现实,即将对应的诗句变为图像展现在我们面前。如图 12.1 所示,通过不同的诗句描述可以生成不同的鸟类图像。其中,左边生成的是黄鹂,中间生成的是燕鸥,右边生成的是燕子。

独怜幽草涧边生,　　　　晴空万里海水蓝,　　　　新绿阴中燕子飞,
上有黄鹂深树鸣。　　　　燕鸥双飞向蓝天。　　　　数家烟火自相依。

图 12.1　诗句生成鸟类图像

12.1　背景介绍

文本生成图像任务是输入一句自然语言描述的文本,然后根据句意生成与其相符的图像。这种技术可以将诗词歌赋转化为"真实"的图像表达,以诗生画,这也是文本生成图像的第一个应用场景。不仅如此,还可以利用文本描述生成富有艺术色彩的图像,例如,生成动漫中的人物图像,给小说配插图插画等。另外,这项技术也可以被应用于刑事侦破,根据目击者对犯罪嫌疑人的语言描述生成嫌疑人画像,帮助警方破案。甚至对于个人生活来说,可以根据个人的喜好进行服装设计,满足个人所需要的任何搭配,提升个人幸福感。

在 2016 年以前,基本上所有的图像生成都是利用变分自编码器(Variational Auto-Encoder,VAE)[1]和深度循环注意力书写器(Deep Recurrent Attentive Writer,DRAW)[2]

方法来完成的。VAE 基于贝叶斯公式以及相对熵的推导利用概率模型来生成图像,但是 VAE 合成的图像可能会很模糊,不具备清晰性的特点。而 DRAW 方法是通过在循环神经网络中加入注意力机制,每次生成一个关注的图像区域,然后将生成的局部图像进行叠加,最终得到生成的结果。AlignDRAW[3] 在 DRAW 方法的基础上加入文本对齐,使得图像生成更加有效。随着 GAN 的出现及其在各领域的创新性发展,之后的文本生成图像任务多是基于 GAN 实现的。

2016 年,Reed 等提出了 GAN-INT-CLS[4],通过关联文本与图像两种不同模态的语义空间,实现文本生成图像任务。首先将文本特征与随机噪声拼接并输入到生成器网络中,生成与文本匹配的图像;然后判别器网络对生成图像与真实图像进行判断以及分类;通过生成器不断生成和判别器不断鉴定的对抗训练,最终生成图像的质量与 VAE 相比是较高的。然而,使用该方法合成的图像仍然缺乏细节信息。同年,Reed 团队提出了 GAWWN (Generative Adversarial What-Where Network)[5],在原来的 GAN 网络的基础上进行改进,从文本描述中提取关键点和细节信息,指导生成图像的内容以及图像中目标的位置,最终生成 128×128px 分辨率的图像。TAC-GAN[6] 同时将文本特征和图像类标签作为约束,提高了生成图像的多样性。Text-SeGAN[7] 通过增加回归任务的方式训练判别器网络,回归得到的值越高,图像与文本之间的语义相关性就越强,从而在一定程度上提高了生成图像的多样性。

Zhang 等提出的 StackGAN[8] 构造了一个由粗到细的框架,通过两阶段不断细化特征生成逼真且清晰的图像。它首先利用图像的背景、颜色及轮廓等基本信息在第一阶段的 GAN 网络生成一幅低分辨率的图像,接着将生成的低分辨率的图像作为第二阶段的 GAN 网络输入,同时再次融入文本特征并对文本特征加入随机噪声,使得生成的图像更加逼真。在此基础上,StackGAN++[9] 提出了端到端的训练模型,含有 3 个生成器和 3 个判别器,通过三阶段网络对细粒度信息的不断细化,最终生成 256×256px 的高分辨率图像。该方法的优点是不仅可以完成限定性的生成任务,同时扩展到了非限定性生成任务。

Xu 等提出了 AttnGAN[10],首次将注意力机制应用于文本生成图像任务中,在生成图像的过程中,该注意力机制可以引导生成器关注句子中的不同单词,使得生成图像更加关注细节,从而提高生成图像的质量。此外,论文还提出了一种深度注意多模态相似模型(Deep Attentional Multimodal Similarity Model,DAMSM)机制。它不仅考虑了原始的 GAN 网络损失,还在生成高精度图像后提取该图像的局部特征并与词嵌入进行对照获得 DAMSM 损失,使得模型训练更加关注文本细节的生成情况,从而生成更高质量的图像。MirrorGAN[11] 提出了一个文本—图像—文本的循环框架,使得模型能够更好地学习文本与图像之间的语义一致性。SDGAN[12] 提出了语义空间批规范化,以提取文本描述中的多样性,使得模型能够生成更加多样的图像;同时,该方法通过两个网络对比文本信息的损失,提高了文本与图像的语义一致性。

上述方法均是基于多阶段生成对抗网络的文本生成图像方法,虽然已经取得了一定的效果,但是仍然存在两个问题:其一,在堆叠的 GAN 中多个生成器之间存在纠缠,使得最终生成的图像看起来不够逼真,更像是模糊形状与文本语义中细节信息的简单组合;其二,文本和图像特征的简单拼接并不能有效融合文本与图像特征,无法充分利用文本语义包含的信息,直接影响了最终生成图像的效果。针对上述局限性,DFGAN[13] 以单级生成对抗网络为主干构建生成模型,也就是本实验所用到的实验原理。DFGAN 利用单个生成器和单个判别器直接生成符合文本语义的图像,可以避免堆叠生成器之间的纠缠;采用更有效的融合文本与图像特征的方法,提高生成图像与描述性文本之间的语义一致性;该方法还提出了一种由匹配感知梯度惩罚(Matching-Aware zero-centred Gradient Penalty,MA-GP)和单向输出组成的目标感知判别器,使生成器可在不引入额外网络的情况下合成更真实且文本-图像语义一致的图像。

12.2 算法原理

本实验基于 2020 年 CVPR 论文 *Deep Fusion Generative Adversarial Networks for Text-to-Image Synthesis*[13]开展,论文中提出了深度融合生成对抗性网络(Deep Fusion Generative Adversarial Network,DF-GAN)模型。该模型是利用仿射变换和单级生成对抗主干网络直接生成在细节上更符合文本描述的图像。

DF-GAN 模型生成图像的流程如图 12.2 所示。首先,需要将输入的句子利用文本编码器编码成为计算机能够识别处理的向量形式,得到整个句子的向量表示;其次,将随机噪声和句子向量输入文本-图像融合模块,通过深度融合文本与视觉特征,生成与文本语义相符的图像;接着,将生成的图像与句子特征输入到判别器网络中,得到对抗损失;最后,通过生成器和判别器的博弈训练,各自的能力越来越强直至达到纳什均衡,即最终得到高分辨率的图像。

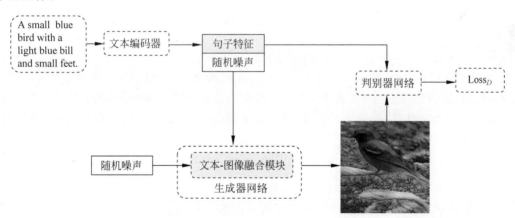

图 12.2 DF-GAN 模型生成图像的流程

12.2.1 双向长短时记忆网络

首先简单介绍双向长短时记忆网络(Bi-directional Long Short Time Memory,Bi-LSTM)[14],Bi-LSTM 的主要作用是让计算机记住以前输入的词向量。

句子中的词按顺序输入网络时,有些词的意思和上下文有关,比如代词等,如果没有记住之前的词,那么只考虑当前词是无法理解句子含义的,所以在 LSTM 网络中有细胞状态和隐状态(隐状态也代表特征),可以通过遗忘门、记忆门、输出门选择性地记住以前输入的有用信息,遗忘无用信息并输出,其流程如图 12.3 所示。

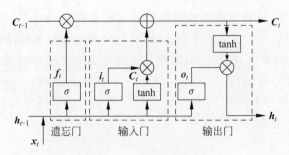

图 12.3　LSTM 结构流程图

LSTM 包含 3 个门：遗忘门、输入门和输出门。LSTM 的输入包含前一时刻的隐态 h_{t-1} 和词向量 x_t。首先将输入送入遗忘门,经过 sigmoid 门控函数得到输出 f_t,该门控函数可以将输入转换为 0～1 的数值,若接近 0 则选择遗忘,若接近 1 则选择保留。该过程可具体表示为

$$f_t = \sigma(W_f \cdot [h_{t-1}, x_t] + b_f) \tag{12-1}$$

对于输入门,首先将输入信息经过 sigmoid 函数进行选择性记忆,得到 i_t,同时将输入信息经过 tanh 函数获取新的候选值向量 $\widetilde{C}_t$,然后将两个函数的输出相乘。该过程可表示为

$$\begin{cases} i_t = \sigma(W_i \cdot [h_{t-1}, x_t] + b_i) \\ \widetilde{C}_t = \tanh(W_c \cdot [h_{t-1}, x_t] + b_c) \end{cases} \tag{12-2}$$

经过输入门和遗忘门可以将当前神经网络发现的新的信息更新到细胞状态中,得到更新后的细胞状态 C_t。其中,细胞状态会记录从开始到结束所有时刻的信息并不断更新。该过程表示如下:

$$C_t = f_t C_{t-1} + i_t \widetilde{C}_t \tag{12-3}$$

对于输出门,同样先将输入信息经过 sigmoid 函数进行选择性记忆,得到 o_t,然后将更新后的细胞状态 C_t 经过 tanh 激活函数进行放缩并与 o_t 相乘,得到最终的输出信息 h_t。经过 sigmoid 函数的选择与 tanh 函数的放缩,最终输出的隐状态 h_t 能够很好地确定所携带的信息。该过程表示如下:

$$\begin{cases} o_t = \sigma(W_o [h_{i-1}, x_t] + b_o) \\ h_t = o_t \tanh(C_t) \end{cases} \tag{12-4}$$

其中,W 是权重矩阵,b 是偏置矩阵,σ 是对输入内容进行 sigmoid 函数激活。tanh 是激活函数,可以将输出值控制在 -1～1 范围,帮助调节网络所处理的信息值。

上述流程给出了 LSTM 的原理,也就是 Bi-LSTM 中的一个方向的过程。而在 Bi-LSTM 中,包含两个独立的 LSTM：一个 LSTM 处理输入序列的正向序列,利用该序列的上文信息,得到正向的特征向量；另一个 LSTM 处理输入序列的反向序列,利用该序列的下文信息,得到反向的特征向量；最后将两个输出向量进行拼接形成最终的特征表达。利用 Bi-LSTM 网络作为文本生成图像任务的文本编码器是为了能够得到更好的文本表达,使得所获得的输出特征包含更多的语义关联信息。

12.2.2　文本-图像融合模块

在文本生成图像时,为什么要将文本与图像特征融合呢？其一,可以充分利用文本语义

包含的信息；其二，能够提高生成图像与描述性文本之间的语义一致性，进而影响最终生成图像的效果。也就是说，将文本特征融入中间生成的图像特征中，可以充分读取文本包含的细节特征，然后引导生成器网络生成更加符合文本细节的图像。

一般利用条件批规范化(Conditional Batch Normalization，CBN)可以将文本特征向量作为条件，实现文本与图像融合，该过程如图 12.4(a)所示。但是 BN 操作会降低仿射变换的有效性，因为 BN 将特征映射转换为正态分布，可看作是仿射变换的无条件反向操作，减少了批次中每个特征映射之间的距离，不利于条件生成过程。因此考虑从 CBN 中提取仿射变换，并利用仿射变换来处理以自然语言描述为条件的视觉特征图。

通过多层感知机(Multi-Layer Perceptron，MLP)从文本向量中学习仿射参数，用于按通道提取缩放和移位图像特征。输入文本句子特征为 e，则得到通道尺度参数 $\gamma=\mathrm{MLP}(e)$ 和移位参数 $\beta=\mathrm{MLP}(e)$。如果图像特征图 $\boldsymbol{X}\in\mathbf{R}^{B,C,H,W}$，首先以缩放参数 γ 对 $\boldsymbol{X}$ 进行通道缩放，然后以 β 参数进行通道移位操作，该过程表示为

$$\mathrm{Affine}(\boldsymbol{x}\mid e)=\gamma\boldsymbol{x}+\beta$$

经过对图像特征的通道缩放和移位，实现文本条件与图像特征的有效融合。将两个仿射变换与 ReLU 层按顺序堆叠，加深文本-图像融合的深度，使融合网络具有更强的非线性，有利于从不同的文本描述中生成语义一致的图像，如图 12.4(b)所示。对于神经网络来说，网络越深，提取特征的能力越强。因此为了提高生成图像的质量，以及在更深层次融合文本条件与图像特征，将残差块与文本-图像融合模块结合，如图 12.4(c)所示，不仅给予生成器更多机会融合文本与图像特征，而且使得生成的图像更加符合文本语义。

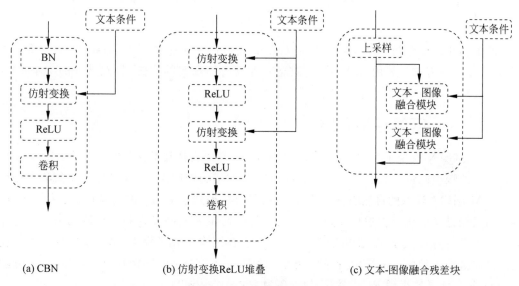

图 12.4 文本-图像融合流程

12.2.3 匹配感知梯度惩罚

怎么从给定的文本描述中生成与文本匹配和逼真的图像呢？除了生成器网络不断生成与真实图像近似的虚假数据外，判别器可以通过不断区分真实图像与虚假图像而反馈给生成器更准确的信息。

如图 12.5 所示,2D 数据空间中有 4 种数据对:与文本匹配的生成图像、与文本不匹配的生成图像、与文本匹配的真实图像、与文本不匹配的真实图像。因此,根据给定的文本描述生成与文本匹配并且逼真的图像,判别器应该将真实和匹配的数据点放在判别器损失函数曲面的最小点上,并将其他输入放在较高点上。此外,判别器应确保真实数据点和匹配数据点平滑邻近,以帮助生成器更容易地收敛到最小点。

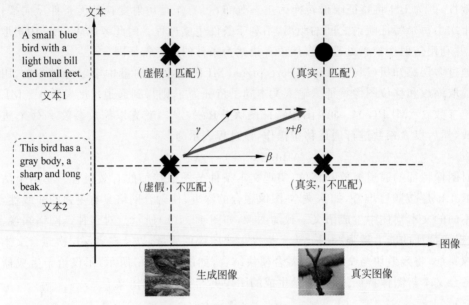

图 12.5　匹配感知梯度惩罚示意图

匹配感知梯度惩罚(MA-GP)就是将梯度惩罚应用于目标数据点,即如图 12.5 所示的真实、匹配的数据点。利用 MA-GP 模型能够生成更加真实的图像,具有更好的文本-图像语义一致性。

12.2.4　网络结构介绍

在 DF-GAN 模型工作原理中,有两个输入:自然语言描述的文本和从标准正态分布中随机采样的噪声向量。如图 12.6 所示,DF-GAN 网络的处理流程是:通过文本编码器中的 Bi-LSTM 网络对输入的自然语言句子进行特征提取,得到整个句子的全局句子特征向量 e;噪声向量经过全连接层重塑尺寸,然后与句子特征向量 e 共同输入到生成器网络中。生成器网络由 6 层深度文本-图像融合模块堆叠而成,在图像生成过程中,将句子特征与噪声向量拼接逐级输入到融合网络中,得到大小为 $32 \times 256 \times 256$px 的图像特征 f,然后经过卷积层和 tanh 激活函数得到 RGB 图像,分辨率为 256×256px。

判别器由多个下采样块组成。首先生成图像经过 6 个下采样块对输出特征进行下采样,然后将得到的图像特征与输入的文本句子向量进行拼接,最后进行卷积操作得到预测损失值。DF-GAN 模型中的判别器网络具有匹配感知梯度惩罚(MA-GP)与单向输出,MA-GP 可以构建平滑的损失平面,使得判别器能够将真实和匹配的目标数据点置于损失函数平面的最小点,而其他不匹配的点置于较高点,这样做可以帮助生成器更快地收敛到最小点,更容易生成与给定描述匹配和真实的图像。单向输出仅将生成图像与文本特征连接,经

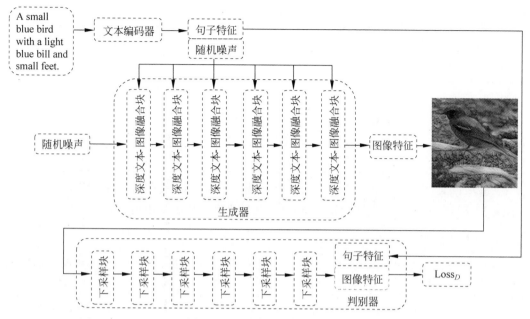

图 12.6　DF-GAN 模型流程图

过卷积层后得到条件损失。这样做的目的是通过一个直接指向目标数据点的梯度,为生成器提供更明确的收敛目标。由于具有 MA-GP 和单向输出,因此模型将引导生成器直接合成具有更好文本语义一致性的图像。

DF-GAN 模型中的生成器损失函数表示如下:

$$L_G = -E_{G(z) \sim P_g}\big[D(G(z), e)\big] \tag{12-5}$$

其中,z 是随机噪声向量;e 是句子特征向量。判别器损失函数的表达形式如下:

$$L_D = -E_{x \sim P_r}\big[\min(0, -1 + D(x, e))\big] - \frac{1}{2}E_{G(z) \sim P_g}\big[\min(0, -1 - D(G(z), e))\big]$$

$$- \frac{1}{2}E_{x \sim P_{mis}}\big[\min(0, -1 - D(x, e))\big] + kE_{x \sim P_r}\big[(\parallel \nabla_x D(x, e) \parallel + \parallel \nabla_e D(x, e) \parallel)^p\big]$$

$$\tag{12-6}$$

其中,P_r、P_g 和 P_{mis} 分别是真实图像数据分布、生成图像数据分布和不匹配图像数据分布;第一项表示匹配样本之间的损失,即真实图像与对应的文本;第二项表示生成样本的损失,即生成图像与输入文本的损失;第三项表示不匹配样本之间的损失;第四项是梯度惩罚项,用于增强生成图像与文本之间的语义一致性;k 和 p 是超参数,用于平衡梯度惩罚的有效性。

从损失函数可以看出,生成器与判别器均朝着真实、匹配的目标数据点收敛,与实验目的相符。通过该模型,生成器可以生成与文本语义更加一致的图像,较好地实现了文本生成图像任务。

12.3　实验操作

12.3.1　代码介绍

本实验所需要的环境配置如表 12.1 所示。

表 12.1   实验环境

操作系统	Ubuntu 18.04
开发语言	Python 3.8
深度学习框架	Pytorch 1.9.0
相关库	easydict 1.10
	nltk 3.7
	scikit-image 0.14.2
	python-dateutil 2.8.2
	pandas 1.5.2

实验项目文件可扫描书中提供的二维码下载。下载完成之后解压得到名为 DF-GAN-master 的实验项目文件夹。DF-GAN-master 文件夹有关内容如下所示：

```
DF - GAN - master  ------------------------------------------------------ 工程根目录
 ├─code
 │   ├─  cfg  -------------------------------------------------训练以及验证模型的配置文件
 │   ├─  miscc
 │   │   ├─  __init__.py -------------------------------------------------初始化文件
 │   │   ├─  config.py -------------------------------------------------配置参数文件
 │   │   ├─  utils.py -------------------------------------------- 生成图像的一些主要函数
 │   ├─  DAMSM.py -------------------------------------------------用于训练 DAMSM 模型
 │   ├─  datasets.py ------------------------------------------------- 用于训练 DAMSM 模型
 │   ├─  main.py ------------------------------------------------- 用于训练 DAMSM 模型
 │   ├─  model.py -------------------------------------------------用于训练 DAMSM 模型
 ├─DAMSMencoders  -------------------------------------------训练以及验证模型的配置文件
 ├─data  -------------------------------------存放 CUB 数据集以及预处理的元数据文件
```

12.3.2   数据集介绍

在本实验中，使用的数据集为 The Caltech-UCSD Birds-200-2011 Dataset（CUB 数据集），数据集展示如图 12.7 所示。该数据集包含了 200 个鸟类的物种，共 11 788 张图像。每张照片都标注有边框（bounding box）、部件位置（part location）以及属性标签（attribute labels）。

图 12.7   CUB 数据集展示

该数据集一共有 200 种鸟类,种类被编号并保存在 classes.txt 中,所有图像的名字也被编号并且保存在 images.txt 中。每张图像的编号和图像所属鸟类物种的编号相对应并且被保存在 image_class_labels.txt 中。在 bounding_boxes.txt 中标注了每张图像中鸟所在的位置,并利用左上角的像素坐标以及像素的长宽将鸟框定。

在每张图像中都有 15 个部位用像素位置以及可见性来标注,这 15 个鸟类的部位分别为 back、beak、belly、breast、crown、forehead、left eye、left leg、left wing、nape、right eye、right leg、right wing、tail、throat。这些鸟类的部位被编号并且保存在 parts/parts.txt 中,在 parts/part_click_locs.txt 文件中对每一张图标注了每个部位所在的位置以及是否能被看见。

在每个部位上都有不同个数的特征属性,而每个特征属性都有多种不同的表现型。所以在 CUB 数据集中这 15 个部位包含 28 个特征属性,如表 12.2 所示。这 28 个属性总共具有 312 个二值表现型属性,这些二值属性被编号保存在 attribute.tx 档中。在 attributes/image_attribute_labels.txt 文件中标注着每张图像的每个二值属性是否存在以及存在的可能性。

表 12.2　数据集属性

部位	属性	部位	属性	部位	属性
喙	形状 颜色 长度	背部	颜色 图案	胸部	颜色 图案
腹部	颜色 图案	前额	颜色	整体	大小 外形
喉咙	颜色	颈背	颜色	头	头部图案
鸟冠	颜色	眼睛	颜色	腿	腿部图案
尾巴	上部尾巴颜色 下部尾巴颜色 尾巴图案	翅膀	颜色 图案 形状	身体	下身图案 上身颜色 基础颜色

该数据集可以在 GitHub 网站上下载,按照数据集准备部分的指引,跳转至数据集的页面进行下载,也可以扫描书中提供的二维码进入数据集的网站进行下载。下载的压缩包为 .tgz 文件,大小为 1.1GB。

12.3.3　实验操作与结果

1. 训练网络模型

(1) 扫描书中提供的二维码下载项目预处理的元数据文件 birds.zip,解压得到 birds 文件。下载完成后,放入/DF-GAN-master/data 目录,在/DF-GAN-master/data/birds 目录下存在一个 text.zip 文件,解压到当前目录即可。

(2) 下载 CUB_200_2011 数据集 CUB_200_2011.tgz,解压得到 CUB_200_2011 文件,将其放入/DF-GAN-master/data/birds 目录。

(3) 扫描书中提供的二维码下载预训练文本编码器模型 text_encoder*.pth(*表示数字,例如 text_encoder200.pth),然后保存至/DF-GAN-master/DAMSMencoders/birds/inception/目录。

（4）训练 DF-GAN 网络模型：

```
$ python main.py -- cfg cfg/bird.yml -- gpu 0
```

（5）训练完毕后，得到的模型将保存在一个自动生成的名为 output 的文件夹中，具体来说，是保存在/DF-GAN-master/output/birds_DFGAN_ *** /中，其中 *** 表示训练开始的时间。

（6）新建名为 models 的文件夹，然后将/DF-GAN-master/output/birds_DFGAN_ * /Model/中 netG_epoch_ * . pth(* 表示数字，例如 netG_epoch_600. pth)放入/DF-GAN-master/models/目录，并将该文件改名为 bird_DFGAN. pth。至此，训练过程完毕。

2. 使用预训练模型

若是跳过训练阶段，直接利用预训练模型，则执行以下命令：

（1）下载项目预处理的数据文件 birds. zip，解压得到 birds 文件，将之放入/DF-GAN-master/data 目录，在/DF-GAN-master/data/birds 目录下存在一个 text. zip 文件，将之解压到当前目录即可。

（2）下载 CUB_200_2011 数据集 CUB_200_2011. tgz，解压得到 CUB_200_2011 文件，将其放入/DF-GAN-master/data/birds 目录。

（3）下载预训练文本编码器模型 text_encoder * . pth(* 表示数字，例如 text_encoder200. pth)，将之保存至/DF-GAN-master/DAMSMencoders/birds/inception/目录。

（4）扫描书中提供的二维码下载 DF-GAN 预训练模型 netG_epoch_300. pth，将之放入/DF-GAN-master/models/目录。至此，预训练的模型已经存放到指定的位置。

3. 测试网络模型

（1）测试实验的文本输入保存在/DF-GAN-master/data/example_captions. txt 文件中，实验者可以自主编辑文本并保存其中。但是输入的文本需要符合数据集所述的属性描述，可以参考/DF-GAN-master/data/birds/attributes. txt 文件，输入自己想要描述的特征以及特征的描述句子。若不符合数据集所述属性，则生成的图像的效果会不理想。在原始的 example_captions. txt 中也有一些给出的句子样例，实验者可以仿照这些样例写入自己想要表达的鸟类特征。

（2）测试网络模型，将 cfg/bird. yml 中的 B_VALIDATION 变为 True，然后运行下面的程序：

```
$ python main.py -- cfg cfg/bird.yml -- gpu 0
```

（3）在测试完网络模型后，得到的输出结果保存在/DF-GAN-master/models/netG_epoch_ * . pth/example_captions/目录中。

4. 实验结果展示

在本次实验中，采样 5 个文本来直接生成图像，从左往右分别是："This bird is green, mixed with some yellow, with a gray head and a sharp beak. ""This bird has a gray and green body, a gray crown, a sharp and long beak. ""A small red bird with deep blackish red secondaries, primaries and a red crown with red throat, breast and belly. ""A large white and grey bird with grey primaries and secondaries and white breast. ""The bird has a black bill that is small and a yellow belly. "图 12.8 为生成的图像结果，上面一行是输入文本，下

面一行是对应文本输出的图像,分辨率均为 $256 \times 256\mathrm{px}$。

This bird is green, mixed with some yellow, with a gray head and a sharp beak.	This bird has a gray and green body, a gray crown, a sharp and long beak.	A small red bird with deep blackish red secondaries, primaries and a red crown with red throat, breast and belly.	A large white and grey bird with grey primaries and secondaries and white breast.	The bird has a black bill that is small and a yellow belly.
	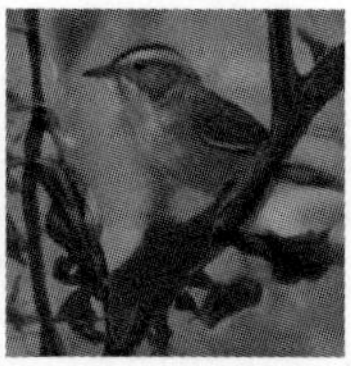			

图 12.8　实验结果图

12.4　总结与展望

目前主流的文本生成图像的方法主要是基于 GAN 网络,纵观文本生成图像的工作,相关改进方法主要分为 3 类。

(1) 改进 GAN 网络的结构。从原始的 GAN-INT-CLS 到 StackGAN 再到 StackGAN++,它们通过改进 GAN 网络的数量和堆叠 GAN 网络的方式生成更加逼真的图像。

(2) 改进文本信息的融入方式。AttnGAN 加入注意力机制,ControlGAN 提出了一种通道注意力机制,不仅关注文本句子和单词的注意,而且对细粒度单词信息进行监督反馈。AttnGAN 中的 DAMSM 匹配方案用于所有 3 级判别器中,提高了输入文本与生成图像的语义一致性。这些方法得到了局部图像和词的相似度关系,使得网络能够生成精度更高、效果更好的图像。

(3) 改进用来训练生成器的损失函数。原始的 GAN-INT-CLS 的损失利用基础的 GAN 网络损失,之后的 StackGAN 在损失函数中加入 KL 正则项,TAC-GAN 加入了分类损失,AttnGAN 加入了 DAMSM 损失。这些方法都通过加入不同损失的方式训练生成器来得到更加鲁棒的生成器,从而得到更加理想的图像。

上述方法均是基于多阶段生成对抗网络展开的,具有参数量大和训练速度慢的局限性。在 DFGAN 中,仅使用了单级生成对抗网络作为主干,最终直接生成符合文本语义的图像,该方法的创新包括:

(1) 仅利用单个生成器和单个判别器直接生成更真实且文本-图像语义一致的图像,而不需要堆叠架构和额外的网络。

(2) 提出了一种由 MA-GP 和单向输出组成的目标感知判别器,显著提高了图像质量和文本-图像语义一致性,加快了生成器的收敛速度。

(3) 提出了一种截断的 skip-z 方法,为生成器提供一个稳定的文本潜在空间,以合成更高质量的图像。

在 2022 年的 CVPR 上，Ye 等发表了新的文本生成图像的论文 *Recurrent Affine Transformation for Text-to-image Synthesis*[15]。该论文提出了一种用于生成对抗网络的循环仿射转换（RAT），将所有融合块与循环神经网络连接起来，以对其长时依赖关系建模；另外，为了提高文本与合成图像之间的语义一致性，在判别器中加入了空间注意模型。由于知道匹配的图像区域，文本描述监督生成器可以合成更多相关的图像内容。在 CUB、Oxford-102 和 COCO 数据集上的大量实验表明该模型在各种指标上明显优于其他模型。

参考文献

[1] Kingma D P, Welling M. Auto-encoding variational bayes[C]//Proceedings of the International Conference on Learning Representations, 2014.

[2] Gregor K, Danihelka I, Graves A, et al. Draw: A recurrent neural network for image generation[C]// Proceedings of the International Conference on Machine Learning, 2015.

[3] Mansimov E, Parisotto E, Ba J L, et al. Generating images from captions with attention[C]// Proceedings of the International Conference on Learning Representations, 2016.

[4] Reed S E, Akata Z, Yan X, et al. Generative adversarial text to image synthesis[C]//Proceedings of the International Conference on Machine Learning, 2016.

[5] Reed S E, Akata Z, Mohan S, et al. Learning what and where to draw[C]//Proceedings of Advances in Neural Information Processing Systems, 2016.

[6] Dash A, Gamboa J C B, Armed A, et al. TAC-GAN-Text conditioned auxiliary classifier generative adversarial network[J/OL]. arXiv: 1703.06412, 2017.

[7] Cha M, Gwon Y L, Kung H. Adversarial learning of semantic relevance in text to image synthesis [C]//Proceedings of the AAAI Conference on Artificial Intelligence, 2019.

[8] Zhang H, Xu T, Li H, et al. Stackgan: Text to photo-realistic image synthesis with stacked generative adversarial networks[C]//Proceedings of the IEEE International Conference on Computer Vision, 2017.

[9] Zhang H, Xu T, Li H, et al. StackGAN++: Realistic image synthesis with stacked generative adversarial networks[J]. IEEE Transactions on Pattern Analysis and Machine Intelligence, 2018, 41(8): 1947-1962.

[10] T. Xu T, P. Zhang P, Huang Q, et al. AttnGAN: fine-grained text to image generation with attentional generative adversarial networks[C]//Proceedings of IEEE Conference on Computer Vision and Pattern Recognition, 2018.

[11] Qiao T, Zhang J, Xu D, et al. MirrorGAN: Learning text-to-image generation by redescription[C]// Proceedings of the IEEE Conference on Computer Vision and Pattern Recognition, 2019.

[12] Yin G, Liu B, Sheng L, et al. Semantics disentangling for text-to-image generation[C]//Proceedings of the IEEE Conference on Computer Vision and Pattern Recognition, 2019.

[13] Tao M, Tang H, Wu S, et al. DF-GAN: Deep fusion generative adversarial networks for text-to-image synthesis[J/OL]. arXiv: 2008.05865, 2020.

[14] Yao Y, Huang Z. Bi-directional LSTM recurrent neural network for Chinese word segmentation [C]//Proceedings of the International Conference on Neural Information Processing, 2016.

[15] Ye S, Wang H, M. Tan, F. Liu. Recurrent affine transformation for text-to-image synthesis[J]. IEEE Transactions on Multimedia, 2023: 1-11.

第 13 章

CHAPTER 13

人脸老化与退龄预测

情境一：2020 年，00 后逐渐进入大学，90 后也已经在奔三路上了。即使不愿提起，但"变老"的进程从未停止，还没来得及细细品味，就已经猝不及防地"老了"！所有人都将变老，动作不再敏捷，皮肤不再光滑，眼睛也会不再光亮……想想是不是还有些难以接受？那么，是否提前见到，到时候就会更加从容呢？

情境二："我能想到最浪漫的事，就是和你一起慢慢变老！"虽然微风不燥，阳光正好，你还年轻，我还未老，但若是可以找自己喜欢的人拍张照，提前体验一下两个人慢慢变老的过程，是不是也很有意思呢？

情境三：有歌曲曾唱到，"我留不住所有的岁月，岁月却留住我，不曾为我停留的芬芳，却是我的春天。"爷爷奶奶们可能没有机会用相机记录下自己青春动人的过去。但是，他们肯定不止一次地回忆起那个春天，回忆起那个青春欢畅的时刻，回忆起那时被多少人爱慕着的美丽，若是可以让他们再看到曾经那个年轻靓丽的自己，定是别有一番滋味。

在这里，要介绍一个"时光机器"，去实现如图 13.1 所示的这些小愿望（图像可扫描书中提供的二维码获取）。

图 13.1　人脸老化/退龄示意

13.1　背景介绍

本节要介绍的是一种预测未来和过去人脸图像的方法，也就是达到人脸老化和退龄的效果。目前，随着人工智能相关研究的发展，人脸生成的相关算法在现实生活中应用广泛，例如，寻找失踪人口、追踪多年罪犯、跨年龄段的人脸识别、电影工业中辅助演员进行面部老化以及日常娱乐等。目前，该领域已经吸引了很多的研究人员参与其中。

但是由于数据集有限，以及人脸图像中表情、姿态、光照和遮挡等因素的影响，现有的人脸衰老和退龄的算法往往存在普适性不高或者效果不佳的缺陷，因此人脸老化和退龄方面仍具有巨大的研究价值[1]。

　　人脸老化/退龄的早期方法有基于物理模型的方法。这类方法主要依靠寻找出人脸衰老的变化模式和生理机制进行,该方法主要从数学的角度出发,尽可能去用数学方法展示人脸在整个老化过程中的变化状况。但是由于极高的参数复杂度、数据集的稀缺以及极大的计算难度,该方法得到的人脸图像往往模糊不清,甚至在整个变化过程中已经丢失了输入人脸图像的身份特征[2-4]。

　　早期方法还有基于原型的方法。这种方法通常按照预先标记好的年龄将图像进行分组,每一组的平均脸就是该组图像对应的原型,在过程中需要计算分析图像的人脸特征直接的关联性。这种方法虽然保留了身份特征信息,但是同样由于数据集的数量严重不足,生成得到的图像也不尽如人意,出现了比较严重的失真现象,不能用于实际的使用中[5-8]。

　　后来,仍有相关人员在不断进行着尝试与研究,在传统方法的基础上进行着革新和提高,例如,2010 年邹北骧等提出的非线性人脸老化模型,2012 年徐莹等提出的基于人脸结构层次及稀疏表示的人脸老化方法,以及国外学者 Mike Burt 等提出的基于字典学习的方法[9],Bernard Tiddeman 等提出的基于纹理移植的方法[10]等,但是最后得到的结果都差强人意。

　　随着深度学习的迅猛发展,通过将深度学习的方法引入其中,极大地缓解了从前数据不足的问题,图像生成的质量有了进一步的提高[11]。其中,Wei Wang 于 2016 年提出了一种基于 RNN 的人脸老化方法,这种方法可以识别年龄在 0～80 岁的人脸图像,首先通过对人脸进行规范化处理,进而通过使用循环单元,令其底层部分将人脸编码表示为隐空间中的向量,最后用顶层部分将表示出的向量映射为老化的图像[12]。

　　具有代表性的还有基于老化字典的个性化老化过程,这种算法学习一个年龄组特定的字典,通过离线和在线两个阶段令字典元素形成特定的老化过程,其中离线阶段进行联合字典的训练,在线阶段在上一阶段训练好的字典的基础上,进行人脸的老化合成[13]。

　　本节将要进行介绍的条件对抗自编码网络(Conditional Adversarial Auto-Encoder,CAAE)方法便是目前人脸老化/退龄效果最好的模型之一,由该方法生成的人脸图像不仅可信度比较高,而且进行大年龄跨度的老化/退龄时,仍能保持较好的效果。

13.2　算法原理

　　本实验借鉴了发表于 2017 年的利用深度学习算法进行人脸老化和退龄的文章 *Age Progression/Regression by Conditional Adversarial Autoencoder*,文中提出了一种叫作条件对抗自编码网络的深度网络结构,这种网络可以学习出人脸图像面部流形的特征表示,从而预测出任何一张输入面部图像的全年龄阶段的面部图像[14]。

　　这种方法的实质是将条件对抗生成网络与自编码器(Auto-encoder)进行结合[15]。具体方法是通过编码器(encoder)将人脸图像从高维空间中映射到隐空间得到身份特征,然后将身份特征和年龄标签进行连接。假定身份特征和年龄标签是相互独立的,因此可以通过调整年龄标签来调整年龄,并同时保留身份特征的信息。进而在生成对抗网络中输入连接后的身份特征和年龄标签来生成图像。整体流程如图 13.2 所示。

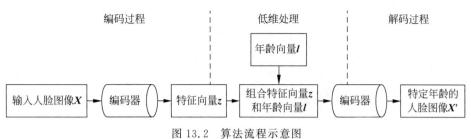

图 13.2　算法流程示意图

因为人脸图像处于高维流形上,直接进行操作比较复杂。为了降低操作难度,考虑对图像进行降维操作,得到具有身份特征的低维特征表示,进而直接对低维特征进行操作。整个方法的主要原理是输入图像—编码—低维处理—解码,最后输出结果。其中,将条件对抗生成网络嵌入编码操作中进行图像的条件生成。

众所周知,深度学习的方法是一个训练模型再测试的过程。在该算法中,首先要训练出满足要求的编码器和解码器。在将输入的人脸图像 X 进行编码后,编码器学习到这些含有身份特征等信息的特征向量 z,解码器学习到如何根据不同的年龄向量 l 和特征向量 z,生成具有特定年龄和身份特征的人脸图像 X'。根据上述原理流程,在测试时便可完成基于年龄标签的图像域变换,也就是实现人脸老化和退龄的效果。

13.2.1　相关概念介绍

1. 生成对抗网络

最初,生成符合要求的图像是十分困难的,直到生成对抗网络的出现才极大地改善了这种情况。生成对抗网络受到博弈论中二人零和博弈的启发,广泛应用于图像的生成过程。如图 13.3 所示,它包含一个生成器(generator)和一个判别器(discriminator)。生成器的任务顾名思义,主要是为了生成所需图像。判别器的任务则为判断是真实数据还是生成的图像。这个模型在训练时固定其中一个模型参数,更新另一个模型的参数,交替迭代。最终,使得两个模型之间达到均衡[16]。

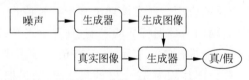

图 13.3　GAN 流程示意图

通常用这样的例子来帮助理解,如图 13.4 所示:想象有一个菜鸟作曲家和一个新手鉴赏家,来搭配完成曲目的创作。最初,菜鸟作曲家的技巧非常差,写出来的东西完全是一团糟,而新手鉴赏家的鉴别能力也是很差。这时候你就看不下去了,你拿起几个样例甩给新手鉴赏家看,通过一次次学习,新手鉴赏家慢慢了解了如何去分辨优秀作曲家的曲目。同时,菜鸟作曲家和鉴赏家是好朋友,他们总爱一起合作。所以,新手鉴赏家就会告诉菜鸟作曲家,"你的曲子真的太难听了,你看看人家周杰伦,你跟他学一学呀,比如这里音调高一些,那里节奏再快一点",就这样,新手鉴赏家把从你这里学到的东西都教给了菜鸟作曲家,让他的好朋友写出来的曲子越来越接近周杰伦的水平。这就是 GAN 的整个流程。

图 13.4　GAN 举例

2. 自编码器

自编码器是一种在机器学习领域中用于学习数据特征的方法。它能够通过无监督学习,得到输入数据的高效表示,这一高效表示被称为编码。其维度一般远小于输入数据,所以自编码器可用于降维操作。同样,通过举例来解释该方法:曾有相关研究发现,国际象棋大师观察棋盘几秒钟,便能够记住棋子的位置,普通人是无法做到这一点的。但是,棋子的摆放必须是曾经实战中出现过的棋局,被人随意摆出的则不行。也就是说,并不是大师的记忆力先天就比我们好得多,而是他身经百战,已经非常精通各种套路,从而能够高效地记忆整个棋局。自编码器就是负责提供实战棋局的。特别地,由于近年来神经网络的发展,自编码器被引入了生成方面研究的前沿,尤其是可以用于图像生成等方面,自编码器可以学习输入图像的信息,从而对输入图像信息进行编码,进而将编码的信息存到隐藏层中,而解码器可以用学习到的隐藏层的信息重新生成学习到的图像[17]。

3. 流形

流形是局部具有欧氏空间性质的空间。其主要思想是将高维的数据映射到低维。流形学习在数据降维方面具有广泛的应用。通常该理论基于一种假设,即高维数据是由低维流形嵌入在高维空间中得到的,而因为数据特征的限制,往往会产生维度上的冗余,实际上这些数据只需要比较低的维度就能进行唯一表示[18]。在流形学习中,一个经典的例子是,有一组同一个人的人脸图片,假设图片均为 32×32 的灰度图,如果把图像按照行或列拉长,就可以得到一个维度为 1024 的向量,也就是说,每个图都是 1024 维空间中的一个点。这其实都是同一个人的人脸图像,只是角度不同而已。也就是说,这一组图片其实只有两个(上下、左右)维度,通过这两个维度便可以确定所有的这一组图片。换句话说,这就是一个嵌入在 1024 维空间中的 2 维流形。所以说,流形学习的目的便是将高维数据映射回低维空间中,使得可以用低维的数据来刻画原高维数据更本质的特征。

4. 先验分布

例如,想象老王要去几公里外的球场,他可以选择坐车、骑自行车或者步行。假设老王还没出发,他仅仅刚刚起床,而比较了解老王的个人习惯:他是个运动狂人,非常喜欢跑步,那便猜测他应该倾向于徒步;若老王是个肥宅,那自然会推测他将坐车去,自行车他都懒得选。在这个情境中,事情还没有发生,而我们在事情发生前就开始进行了推测。也就是说,主要根据历史规律、经验确定的概率分布就是先验分布。

13.2.2　算法流程简介

如前所述,CAAE 的算法主要使用条件对抗网络与自编码器相结合。在整个处理过程中,通过改变输入的人脸图像的年龄信息,来实现以年龄为条件的图像域的变换。本节主要对该算法理论进行详细介绍,读者可以结合图 13.2 进行阅读。

首先,本节所使用的算法基于人脸图像处于某种高维流形的假设,那么自然希望图像在高维流形上可以沿着某个特定的方向进行移动,从而使图像呈现的年龄可以根据移动的方向发生特定的变化,如图 13.5 所示,假定人脸位于高维流形上,且根据年龄和身份特征不同,按照不同的方向排布。给定一个输入人脸图像,首先将其投影到该流形上,然后通过在流形上的平滑变换,将投影返回年龄改变的人脸图像。

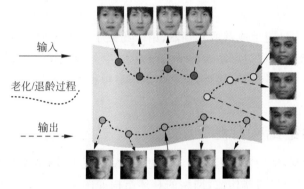

图 13.5　理想人脸图像高维示意图

图 13.5 中,虚线便是比较理想的变化方向。理想状态下,沿着虚线移动就可以实现人脸随着年龄的改变而呈现出自然的变化。

但是,理想很丰满,现实却很骨感,可想而知,在高维空间中进行人脸图像的操作是极为困难的。也就是说,高维空间上没有办法轻易描绘出上述虚线轨迹。那么,容易想到的解决办法便是将图像从高维空间映射到低维的隐空间中。使得可以在低维空间中去操作输入的原图像。最后,再将经过处理的低维向量映射回到高维流形中。

在本节的算法中,前后两次的映射分别由编码器和生成器实现,基本示意如图 13.6 所示。两个人脸图像 x_1、x_2 被编码器映射到隐空间,分别提取出 z_1、z_2 两个特征,再与年龄标签 l_1、l_2 进行连接,从而得到隐空间中的两个不同颜色的菱形点 $[z_1, l_1]$ 和 $[z_2, l_2]$。身份特征 z 与年龄标签 l 在该空间中是分开的,所以可以在保留身份特征的同时简单地修改年龄。也就是从菱形点开始,可以沿着年龄轴双向地进行移动,从而得到那些圆形点。随后通过另外一个映射,也就是生成器,将这些点映射到高维流形 M,生成一系列的面部图像。特别地,若是沿着图中的虚线移动,则身份特征和年龄都会改变。在该网络中,将会训练两个映射过程,以确保生成的信息位于人脸图像流形上。

同时,因为生成对抗网络从随机噪声中产生数据,所以输出图像不能被控制,这在人脸图像操作的任务中是不可取的,必须确保输出的面部图像起码看起来与原图像是同一个人。所以,与一般的生成对抗网络不同,在其中引入了一个编码器来避免输入的随机采样,从而得到特定的人脸图像。

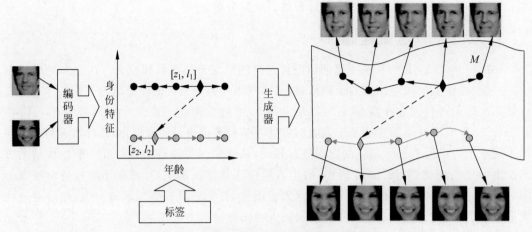

图 13.6 算法流程中的两次映射过程示意图

另外,设置了一个针对生成器的判别器,用于约束生成器生成更加真实的图像,生成器原有的约束只有生成的图像与原图像的平方误差,这个约束是像素级别的,因而容易使生成的图像虽然在像素上与原图像很接近,但整体上却显得很模糊,加入判别器的约束大大改善了这一问题。

13.2.3 网络结构介绍

CAAE算法的网络结构基本上可以说是对 GAN 的改进,网络模型由一个编码器、一个解码器(生成器)及两个判别器构成,网络的具体结构如图 13.7 所示。编码器 E 将输入的人脸图像映射到特征向量 z,将年龄向量 l 与之串联,进而将新的潜在向量$[z, l]$送到生成器 G。编码器和生成器都根据输入图像和输出图像的 l_2 损失进行更新。判别器 D_z 对 z 施加了一个先验分布,判别器 D_{img} 则使得输出的人脸图像在符合给定年龄标签的前提下,保持图像的真实性、合理性。

该网络输入和输出的人脸图片都是 $128 \times 128px$ 大小的 RBG 图片,卷积神经网络作为编码器,相应的一组反卷积操作作为解码器。编码器的输出 $E(x) = z$ 保留了输入人脸的身份特征。不同于通常的生成对抗网络,因为需要生成具有特定身份特征的人脸图像,所以在这里插入一个编码器以避免 z 的随机采样,信息应包含在 z 中。

此外,该算法在编码器 E 和生成器 G 上插入了两个判别器网络:一个是用于判别输入向量 z 的 D_z,由一组全连接操作组成;另一个是用于判别生成图像和输入图像的 D_{img},由卷积层和全连接层构成。前者表示为 D_z,它在 z 上介入了一个先验分布,也就是均匀分布。在这个过程中,D_z 想要判定编码器 E 生成的 z,同时,编码器会生成一些 z 来试图骗过 D_z,通过这样的对抗过程,最终会使得生成的 z 的分布逐渐接近于先验分布,从而使得年龄变化更为平滑且连续。后者被表示为 D_{img},它的作用与一般的生成对抗网络相似,目的在于使生成器能够根据身份特征和年龄标签生成符合要求的人脸图像。

经过实际实验操作可以得知,CAAE 模型具有 4 个明显优势。

(1) 该网络结构可以在获取衰老和退龄图像的同时生成重建的人脸图像。

(2) 不需要在测试时使用已标注的人脸图像,使得框架更加灵活。

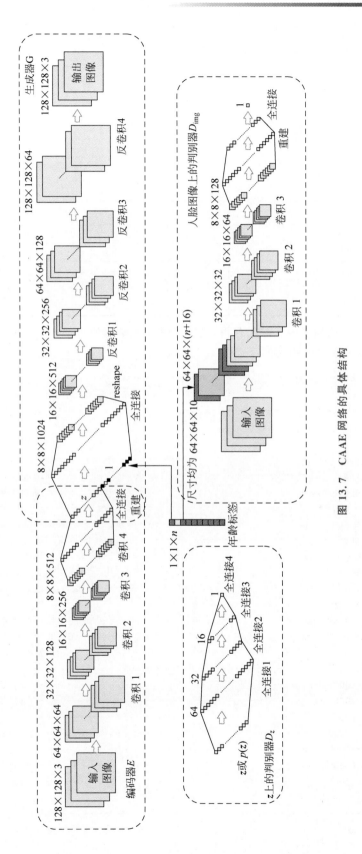

图 13.7　CAAE 网络的具体结构

（3）潜在向量空间中,年龄和身份信息的分离在保留个性的同时避免了鬼影噪声。

（4）CAAE 对于姿态、表情和光照有很好的鲁棒性。

13.3 实验操作

13.3.1 代码介绍

本实验所需要的环境配置如表 13.1 所示。

表 13.1 实验环境

条 件	环 境
操作系统	Ubuntu 16.04
开发语言	Python 3.6
深度学习框架	Tensorflow 1.14
相关库	Scipy 1.2.0 Pillow 6.2.0

实验项目文件可扫描书中二维码获得,代码文件目录结构如下。

（1）执行训练过程之前的文件目录:

```
Face - Aging - CAAE ------------------------------------------------ 工程根目录
├── _config.yml
├── data ---------------------------------------------存放数据集文件的目录
│   └── save_data_folder_here.txt
├── demo ----------------------------------------- 代码的相关过程效果展示
│   ├── demo_train.avi-----------------------------------训练过程效果视频展示
│   ├── demo_train.gif-----------------------------------训练过程效果视频展示
│   ├── loss_epoch.jpg-----------------------------------损失随 epoch 的变化曲线
│   ├── method.png -------------------------------------------部分算法示意图
│   ├── sample.png -------------------------------------- 某次训练的图片重建样例
│   └── test.png ------------------------------------------ 该次训练过程中的测试效果
├── FaceAging.py------------------------------------- 该算法的具体实现代码
├── init_model ----------------------------------用于训练使用的初始模型文件目录
│   ├── checkpoint -------------------------------------告知 TF 函数这是最新的检查点
│   ├── __init__.py
│   ├── model - init.index -----------------------------保存的初始模型检索文件图结构
│   ├── model - init.meta-------------------------------保存的初始模型图结构文件
│   ├── model_parts ------------------------------------- 初始模型几个部分文件
│   │   ├── part0001 ------------------------------------- 初始模型部分 1
│   │   ├── part0002 ------------------------------------- 初始模型部分 2
│   │   ├── part0003 ------------------------------------- 初始模型部分 3
│   │   ├── part0004 ------------------------------------- 初始模型部分 4
│   │   ├── part0005 ------------------------------------- 初始模型部分 5
│   │   ├── part0006 ------------------------------------- 初始模型部分 6
│   │   ├── part0007 ------------------------------------- 初始模型部分 7
│   │   └── part0008 ------------------------------------- 初始模型部分 8
│   └── zip_opt.py
├── main.py ------------------------------------------- 该代码的主要操作部分
├── old_version --------------------------------------- 提供了修改之前的老版本代码
```

```
│   ├── FaceAging.py --------------------------------------------------老版本具体实现代码
│   ├── main.py --------------------------------------------------------- 老版本主要操作
│   ├── ops.py ---------------------------------------------------------- 老版本标准操作
│   └── version --------------------------------------------------------------版本号
├── ops.py -------------------------------------------------------- 定义标准操作的一些函数
└── README.md ----------------------------------------------------------------说明文件
```

其中,.py 文件为用于操作的 Python 代码文件,main.py 为该代码的主要操作部分,包含基本的操作函数,也是本实验要直接运行的文件;ops.py 文件中主要定义了一些供 FaceAging.py 使用的工具,例如,加载图像、保存图像、卷积、激活函数、全连接等操作的函数;FaceAging.py 文件主要是该算法的具体实现代码,即根据前面介绍的原理和网络结构具体实现整个算法流程。此代码目录中包含了整个网络的各个部分,以及具体的训练、测试、可视化、模型储存等部分。

(2) 执行训练之后的代码目录如下:

```
Face-Aging-CAAE
├── _config.yml
├── data
│   ├── save_data_folder_here.txt
│   └── UTKFace
├── demo
│   ├── demo_train.avi
│   ├── demo_train.gif
│   ├── loss_epoch.jpg
│   ├── method.png
│   ├── sample.png
│   └── test.png
├── FaceAging.py
├── init_model
│   ├── checkpoint
│   ├── __init__.py
│   ├── model-init.data-00000-of-00001
│   ├── model-init.index
│   ├── model-init.meta
│   ├── model_parts
│   ├── __pychache__
│   ├── zip_opt.py
│   └── zip_opt.py.bak
├── main.py
├── old_version
│   ├── FaceAging.py
│   ├── main.py
│   ├── ops.py
│   └── version
├── ops.py
├── __pychache__
│   ├── FaceAging.cpython-36.pyc
│   ├── FaceAging.cpython-37.pyc
│   ├── ops.cpython-36.pyc
│   └── ops.cpython-37.pyc
```

```
├── README.md
└── save
    ├── checkpoint
    ├── samples
    ├── summary
    └── test
```

这就是放入训练集并执行了训练操作之后的文件目录。在 data 文件夹下放入了 UTFface 数据集。与第一个目录结构最主要的区别在于,在训练过程中,会在代码目录中新建一个包括 4 个子文件夹的 save 文件夹,其中,checkpoint 保存训练中的模型;samples 保存每个 epoch 之后重建的人脸数据;summary 保存损失和中间输出,可将训练过程中损失变化可视化;test 保存每个 epoch 后的测试结果,也就是根据输入的人脸图像生成的不同年龄人脸数据。另外,在测试操作中,输出的测试图像结果也将保存在该目录下。

13.3.2 数据集介绍

本节使用的是 UTKFace 数据集,可扫描书中提供的二维码下载。该数据集是具有较长年龄范围(0~116 岁)的大型的面部数据集。该数据集包含超过 23 000 张带有年龄、性别和种族标签的人脸图像。整体图像涵盖了包括姿势、面部表情、光线、遮挡、分辨率等多方面因素的影响。该数据集可用于包括面部检测、年龄估计、人脸老化和退龄等多种任务。部分样本图像如图 13.8 所示。

图 13.8　数据集部分样本图像

数据集中是人脸的随机图像,因为本节所使用的方法不需要来自同一个人的多个人脸,可以正常使用。实验中将数据集年龄划分成 10 个阶段:0~5 岁、6~10 岁、11~15 岁、16~20 岁、21~30 岁、31~40 岁、41~50 岁、51~60 岁、61~70 岁、71~80 岁。因此,可以使用 10 个元素的独热码(one-hot)在训练过程中去表示每个人脸的年龄。

13.3.3　实验操作与结果

首先,为了自定义操作,需要对 main. py 文件中的几个参数进行介绍,见表 13.2 相关参数说明(小彩蛋:对于参数 gender,该实验不仅可以进行基于年龄的变化,甚至可以改变性别进行输出,只需要改变性别参数即可实现。)

表 13.2　相关参数说明

参　　数	参　数　说　明
is_train	决定执行训练操作还是测试操作,默认值为 true
epoch	epochs 的数量,默认值为 50
dataset	数据集文件名称,训练时修改默认值为所使用的数据集目录名
savedir	为训练过程中所要生成的文件目录,默认名称为 save
testdir	测试数据文件夹名称,测试时须修改默认值为存放测试数据的文件夹名称
gender	测试时要输入的图像的年龄标签,男性为 1,女性为 0
predict_age	测试时想要预测的年龄,其中,0 代表全年龄段
use_trained_model	决定是否使用已经训练好的模型数据
use_init_model	决定在没有其他模型的时候,使用从初始化模型数据开始训练过程

1. 训练模型

首先,在 data 文件夹下放入所要使用的数据集(该实验中为 UTFface),并将--dataset 修改为所使用的数据集目录名称,设置--is_train 参数为 True。其他相关参数,可根据个人需要选择性修改:可调整--epoch 参数为所需的数字;可自行选择--use_trained_model 或 --use_init_model。之后,使用如下代码运行程序开始训练。

```
$ python main.py
```

在训练过程中,会在代码目录中新建一个文件夹 save,其中包括如前所述的 4 个子文件夹: summary、samples、test 和 checkpoint。其中,summary 文件夹下保存的是将训练过程中损失变化可视化的文件,可使用以下命令进行操作:

```
$ cd save/summary
$ tensorboard -- logdir.
```

在训练结束之后,可以分别在 samples 和 test 文件夹下看到随机重建和测试的结果图像。图 13.9(a)和图 13.9(b)分别展示了重建和测试的结果。其中,重建图像的第一行是训练过程中用于测试的样例。此外,在测试结果中,由上到下,年龄是逐渐增长的。

该训练过程在 NVIDIA TITAN X(12GB 显存)上使用 UTKFACE 数据集进行训练过程,进行 50 次 epoch 的训练时间大约是 2.5 小时。

2. 测试模型

在自行输入图片测试时,首先准备测试数据,在目录中新建一个用于存放测试数据的文件夹,例如名为 test,在其中放入测试人脸图像(可批量处理,本节展示批量处理结果)。随后,使用如下代码进行操作(以男性图像输入,全年龄段输出为例):

```
$ python main.py -- is_train False \
    -- testdir your_image_dir \
    -- savedir save \
```

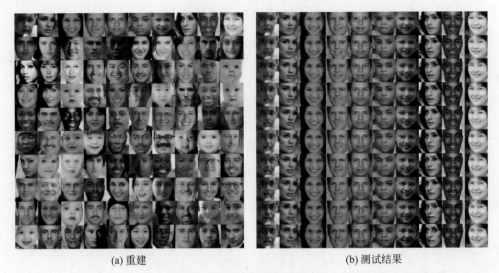

(a) 重建   (b) 测试结果

图 13.9   训练得到的图像展示

```
- gender 1 \
-- predict_age 0
```

--后面的代码主要作用在于修改前文中所提到的几个相关参数：修改--is_train 参数为
false；设置--testdir 参数为新建的测试文件夹名，如 test；设置--use _trained_model 参数为
true,即使用预训练的模型。当然，也可以在代码文件 main. py 中直接修改。

运行代码时,若操作正确,将输出如下信息：

```
Building graph ...
TestingMode
Loadingpre - trained model ...
SUCCESS^_^
Done! Results are saved as save/test/test_as_xxx.png
```

测试结束后,会在 save 下的 test 文件夹下保存生成的图像。全年龄段测试结果如
图 13.10 所示,图 13.10(a)为输入图像,图 13.10(b)为生成的全年龄段人脸预测图像。

(a) 输入   (b) 预测

图 13.10   测试结果图像展示

13.4   总结与展望

本章所使用的算法主要通过条件对抗网络与自编码器相结合的方法,来实现人脸的老
化和退龄预测。这种方法的建模思路大致参考的是对抗自编码(Adversarial Autoencoder,

AAE)。同样的,该模型也使用一个编码器将人脸图像映射到低维的隐空间,与一个标签向量进行连接,进而传入解码器,再映射回高维图像,同时,使用了一个判别器约束低维变量的分布,使它根据预先设定好的先验分布进行逼近。本节所使用的模型对 AAE 的提高主要在于多设置了一个针对解码(生成器)的判别器,用于约束解码器生成更加真实的图像。

另外,值得一提的是,刚才提到的 AAE 模型同样是站在了巨人的肩膀上,"巨人"便是变分自编码(Variational Autoencoder,VAE)和 GAN 模型。其中,编码器-解码器的思想方法主要来源于 VAE,而受到 GAN 的启发,在模型中加入了判别器进行对抗训练。

从另一个角度,CAAE 同样也可以被看作是 GAN 的改进——使用编码器来对 z 进行建模,避免了原始 GAN 那种对 z 取样随机性很高的方式,从而使 z 的可解释性更强。

近年来,人脸老化和退龄化方面的研究还在不断推进。Li Jia 等于 2018 年提出利用 IcGAN 构建人脸老化网络 AIGAN,该网络不需要任何数据预处理,通过编码器 Z 和 Y 将人脸图像映射到身份特征和年龄空间,强调了身份特征和老化特征的保持。提出了最小化绝对重构损失的方法来优化向量 z,使之既能保持输入人脸的个性特征,又能保持输入人脸的姿态、发型和背景。此外,还提出了一种新的基于重建损失分类的年龄向量优化方法,同时引入了在年龄特征和细微纹理特征之间保持良好平衡的参数。实验结果表明,AIGAN能够提供更丰富的老化面孔,甚至包括发型的变化。

相关人脸老化和退龄的算法还有 Zongwei Wang 等于 2018 年提出的条件生成性多功能网络(IPCGAN)框架,其中条件生成对抗性网络模块的功能是生成一个看起来真实的人脸面孔,身份保持模块用来保留身份信息,年龄分类器使得生成的人脸具有目标年龄。IPCGAN 由这 3 个模块组成:CGANs 模块、身份保持模块和年龄分类器。CGAN 生成器以输入图像和目标年龄为输入,生成具有目标年龄的人脸。所生成的人脸被判别器判定与目标年龄组中的人脸图像接近。为了保留身份信息,在 IPC-GAN 目标中引入了感知损失。最后,为了保证生成的人脸属于目标年龄组,将生成的人脸发送到预先训练好的年龄分类器中,并在目标中引入了年龄分类损失。实验结果表明,IPCGAN 所得到的图像具有更少的鬼影噪声、更高的图像质量以及较高的身份匹配度。

如果对上述提到的相关算法感兴趣,读者可以自行进行学习,相信可以加深对人脸老化和退龄方面研究的认识。

参考文献

[1] 宋昊泽,吴小俊. 人脸老化/去龄化的高质量图像生成模型[J]. 中国图象图形学报,2019,24(4): 592-602.

[2] Y. Tazoe,H. Gohara,A. Maejima,et al. Facial aging simulator considering geometry and patch-tiled texture[C]//Proceedings of ACM SIGGRAPH,2012.

[3] J. Suo, S. Zhu, S. Shan, et al. A compositional and dynamic model for face aging[J]. IEEE Transactions on Pattern Analysis and Machine Intelligence,2009,32(3): 385-401.

[4] N. Ramanathan,R. Chellappa. Modeling age progression in young faces[C]//Proceedings of the IEEE Conference on Computer Vision and Pattern Recognition,2006,387-394.

[5] B. Tiddeman,M. Burt, D. Perrett. Prototyping and transforming facial textures for perception research[J]. IEEE Computer Graphics and Applications,2001,21(5): 42-50.

［6］ D. Gou，S. Zhang，X. Ning，et al. A Face Aging Network Based on Conditional Cycle Loss and The Principle of Homology Continuity［C］//Proceedings of International Conference on High Performance Big Data and Intelligent Systems，2019，264-268.

［7］ X. Shu，J. Tang，H. Lai，et al. Personalized age progression with aging dictionary［C］. In：Proceedings of the IEEE International Conference on Computer Vision，2015，3970-3978.

［8］ I. K. Shlizerman，S. Suwajanakorn，S. M. Seitz. Illumination-aware age progression［C］//Proceedings of the IEEE Conference on Computer Vision and Pattern Recognition，2014，3334-3341.

［9］ D. M. Burt，D. I. Perrett. Perception of age in adult Caucasian male faces：computer graphic manipulation of shape and colour information［J］. Proceedings of the Royal Society of London. Series B：Biological Sciences，1995，259(1355)：137-143.

［10］ B. P. Tiddeman，M. R. Stirrat，D. I. Perrett. Towards realism in facial image transformation：results of a wavelet MRF method［C］//Proceedings of Computer Graphics Forum，2005，24(3)：449-456.

［11］ D. Wang，Z. Cui，H. Ding，et al. Face aging synthesis application based on feature fusion［C］//Proceedings of the International Conference on Audio，Language and Image Processing，2018，11-16.

［12］ W. Wang，Z. Cui，Y. Yan，et al. Recurrent face aging［C］//Proceedings of the IEEE Conference on Computer Vision and Pattern Recognition，2016，2378-2386.

［13］ M. Mirza，S. Osindero. Conditional generative adversarial nets［J/OL］. arXiv：1411. 1784，2014.

［14］ Z. Zhang，Y. Song，H. Qi. Age progression/regression by conditional adversarial autoencoder［C］//Proceedings of the IEEE Conference on Computer Vision and Pattern Recognition，2017，4352-4360.

［15］ G. Antipov，M. Baccouche，J. Dugelay. Face aging with conditional generative adversarial networks［C］//Proceedings of the IEEE International Conference on Image Processing，2017，2089-2093.

［16］ I. Goodfellow. NIPS 2016 tutorial：generative adversarial networks［J/OL］. arXiv：1701. 00160，2016.

［17］ D. P. Kingma，M. Welling. Auto-encoding variational Bayes［J/OL］. arXiv：1312. 6114，2013.

［18］ 朱杰. 基于兴趣点的人脸识别流形算法［J］. 计算机应用与软件，2012，29(9)：77-80.

［19］ L. Jia，Y. Song，Y. Zhang. Face aging with improved invertible conditional GANs［C］//Proceedings of the International Conference on Pattern Recognition，2018，1396-1401.

［20］ Z. Wang，X. Tang，W. Luo，et al. Face aging with identity-preserved conditional generative adversarial networks［C］//Proceedings of the IEEE Conference on Computer Vision and Pattern Recognition，2018，7939-7947.

## 第 14 章

图像超分辨率

英伟达的深度学习超采样（Deep Learning Super Sampling,DLSS）是一种基于深度学习的超分辨率技术,旨在提高游戏中的图像质量和帧率。DLSS 通过训练深度学习神经网络模型,可以将低分辨率图像转换为高分辨率图像,从而提升游戏画质的细节清晰度。

DLSS 的实现基础是先渲染出低分辨率画面,并通过深度学习技术超分辨为高分辨率画面,这样操作的算力需求远低于直接将游戏渲染为高分辨率画面,从而在不显著影响游戏画质的前提下,提高运行速度和性能表现。与传统的抗锯齿技术和超采样技术相比,DLSS 技术具有更高的效率和更好的效果,可为游戏提供更加出色的画面和效果,DLSS 技术原理如图 14.1 所示。

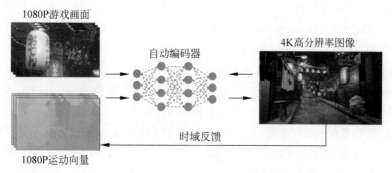

图 14.1　DLSS 技术原理

如今 DLSS 技术已经成为英伟达显卡的重要组成部分,可以在有限的算力下一定程度地提高游戏帧率,优化游戏体验。虽然最新的 DLSS 技术添加了帧间生成技术,但是最核心的依旧是图像超分辨率的部分。本实验将进行图像的超分辨率重建,带你实现类似 DLSS 的效果。

14.1　背景介绍

图像超分辨率（Super Resolution,SR）是计算机视觉领域的一个重要方向,它将输入的模糊、信息不足的低分辨率图像（Low Resolution,LR）重建为清晰、信息更丰富的高分辨率图像（High Resolution,HR）。超分辨率重建技术如图 14.2 所示。这项技术的重要性在于它能够为下游的计算机视觉相关任务提供服务[1,2],例如目标检测、目标定位等。通过生成的图像,这些计算机视觉任务的效果可以得到增强,识别正确率也得到了提高。在现实生活中,图像超分辨率重建技术的应用前景十分广泛,例如在医学成像[3,4]、安全监测[5]和图像压缩等领域。

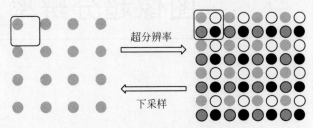

图 14.2　超分辨率重建技术示意图

在传统的图像超分辨率重建方法中,主要有以下 3 种:基于插值的超分辨率算法,例如,双三次插值和最近邻插值;基于退化模型的超分辨率算法,例如,迭代反投影法[6]、凸集投影法以及最大后验概率法[7];基于学习的超分辨率算法,包括流形学习[8]和稀疏编码方法[9]等。传统的超分辨率算法已经取得了很大的成功,但是随着尺度因子的放大,从 2 倍、4 倍到 8 倍,用于超分辨率重建所需要的信息越来越多,人为定义的先验知识已经不能满足需求,很难实现重建高质量图像的目的。

深度学习在计算机视觉领域已经取得了巨大的成功。2014 年,Dong 等[10]首次将深度学习方法引入图像超分辨率重建任务,并借助神经网络强大的学习能力,取得了优于传统方法的效果。随后,研究者们提出了一系列不断优化的算法模型。这些模型从最早的基于卷积神经网络的 SRCNN(Super-Resolution Convolutional Neural Network)模型[11],到基于生成对抗网络的 SRGAN(Super Resolution Generative Adversarial Network)模型[12],再到基于最新的 Transformer[13]的 TTSR(Texture Transformer network for Super Resolution)模型[14],基于深度学习的图像超分辨率重建技术不断取得新的突破。此外,人们也已经整理出了很多适用于超分辨率领域研究的专有数据集。

从输入图像数量的角度,将基于深度学习的图像超分辨率重建方法分为两种:仅输入一张图像的单图像超分辨率重建方法(Single Image Super Resolution reconstruction,SISR)和输入多张图像的基于参考的图像超分辨率重建方法(Reference-based Super Resolution reconstruction,RefSR)。

14.1.1　单图像超分辨率重建方法

SISR 方法通过输入一张低分辨率图像,利用深度神经网络学习 LR-HR 图像对之间的映射关系,最终将 LR 图像重建为一张高分辨率图像。最早基于深度学习的 SISR 方法模型是 2014 年提出的 SRCNN 模型,利用卷积神经网络来学习 LR 图像到 HR 图像之间的映射关系,得到了比传统方法更高的峰值信噪比(Peak Signal-to-Noise Ratio,PSNR)和结构相似度(Structure Similarity Index Measure,SSIM)指标,SRCNN 网络结构如图 14.3 所示。这个阶段的 SISR 方法的改进方向主要以增加神经网络的深度来提高 PSNR 和 SSIM 指标为导向。在 2017 年提出的 SRGAN 模型中,首次提出要提高图像的感官质量,引入了感知损失函数。随后提出的模型以优化重建图像纹理细节为目标,不断推动着图像超分辨率领域的发展。目前已经提出了很多性能较好的 SISR 模型,尽管各模型之间存在一定的差异,但本质依然是在超分辨率框架的基础上,对一系列组件进行改进和组合,从而得到一个新的超分模型。这些组件包括上采样模块、非线性映射学习模块以及损失函数等。

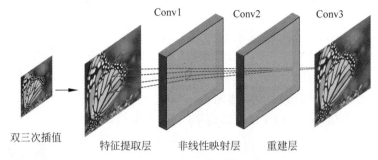

图 14.3 SRCNN 网络结构

14.1.2 基于参考的图像超分辨率重建

RefSR 方法通过引入参考图像,将相似度最高的参考图像中的信息转移到低分辨率图像中并进行两者的信息融合,从而重建出纹理细节更清晰的高分辨率图像。目前的参考图像可以从视频帧图像、Web 检索图像、数据库以及不同视角的照片中获取。RefSR 在重建图像纹理细节方面有着很大的优越性,近几年来受到越来越多的关注。

RefSR 方法可以分为两步:第一步将参考图像中有用的信息与输入图像中的信息进行匹配,两者的准确对应信息是重建令人满意的细节纹理的关键;第二步将匹配到的信息进行提取,并与输入图像进行融合,进而重建出令人满意的图像。因此,决定 RefSR 方法性能好坏的因素是 LR 图像与高分辨率参考图像之间的匹配和融合的准确性,基于参考的图像超分辨率典型结构如图 14.4 所示。

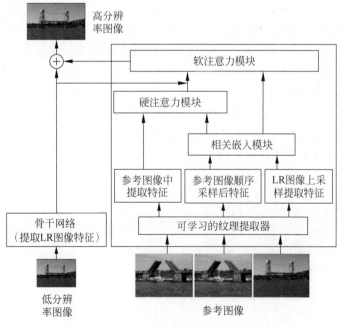

图 14.4 基于参考的图像超分辨率典型结构

14.2 算法原理

本实验基于 SwinIR[15] 模型,通过 Swin Transformer[16] 模型提高图像恢复的效果,通过在不同尺度上对图像进行特征提取和重组,从而实现高质量的图像恢复。SwinIR 可以实现多种图像恢复任务,包括图像超分辨率(经典、轻量级和真实场景的图像超分辨率)、图像去噪(灰度和彩色图像去噪)和 JPEG 压缩伪影弱化,这些图像任务根据训练集的不同而不同,但模型结构基本相似,SwinIR 模型结构如图 14.5 所示。

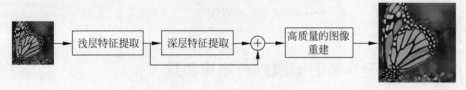

图 14.5 SwinIR 模型结构

14.2.1 Swin Transformer

将 Transformer 从语言应用拓展到视觉领域,面临着两个领域之间的巨大差异,如视觉实体的规模变化大,且信息密度高于文本。为了消除这些差异,Liu 等提出了一种分层 Transformer 机制,其通过移位窗口计算来实现。移位窗口是通过将自注意力计算限制在非重叠的局部窗口中,同时允许交叉窗口连接,从而带来更高的效率。这种层次结构可以灵活地在各种尺度上建模,并且相对于图像大小具有线性计算复杂度。Swin Transformer 的这些特性使其适用于广泛的视觉任务,包括图像分类和密集预测任务(如目标检测和语义分割)。

Swin Transformer 的名字中,Swin 代表 Scales and Windows,意为"尺度和窗口",这也是该模型的两个核心特点。Swin Transformer 的创新之处在于其提出了一种新颖的分层结构,使得模型能够在不同尺度下提取有用的特征。此外,Swin Transformer 还利用了局部窗口的方式,将原始图像分成多个局部窗口,并在每个局部窗口中提取特征,以更好地适应大尺度图像的特征提取。这些创新性的方法使得 Swin Transformer 在处理大尺度图像时,能够较为全面地捕捉图像的局部和全局特征,因此在图像处理领域表现出了很好的性能。Swin Transformer 整体结构如图 14.6 所示。

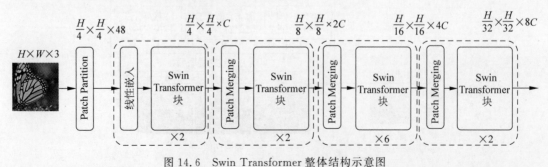

图 14.6 Swin Transformer 整体结构示意图

1. Patch Partition 结构

Patch Partition 是 Swin Transformer 中的一个非常重要的部分。它的主要作用是将输入图像分成多个局部窗口，以便 Swin Transformer 对局部特征完成提取。在 Patch Partition 中，每个窗口的大小是可调的，而且不同的窗口之间是有重叠的，这意味着每个像素会被多个窗口所包含。Patch Partition 的这种设计可以在不同的尺度上进行特征提取，同时也可以适应不同尺度的图像处理任务。Patch Partition 结构如图 14.7 所示。在 Swin Transformer 中，Patch Partition 是一个非常重要的模块，它为模型的良好性能和可扩展性提供了坚实的基础。

图 14.7　Patch Partition 结构示意图

2. Patch Merging 结构

在 Swin Transformer 模型中，Patch Merging 模块将输入特征图分成多个局部窗口，并将这些窗口分为不同的组，然后将每组窗口的特征进行融合。这种设计可以有效地解决特征图分辨率下降的问题，并提高模型的表示能力和泛化能力。同时，Patch Merging 模块还可以帮助模型在不同尺度的图像处理任务中取得更好的效果，因为它可以在不同层次的特征之间传递信息，提高模型的感受野和特征表达能力。Patch Merging 结构如图 14.8 所示。

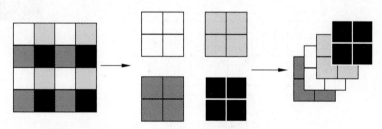

图 14.8　Patch Merging 结构示意图

3. Swin Transformer 块连接

Swin Transformer 块连接结构如图 14.9 所示，其中每个层级都包括一个多层感知机（Multi-Layer Perceptron，MLP）模块、一个层规范化（Layer Normalization，LN）模块和一个基于窗口的多头自注意力（Window-based Multi-Head Self-Attention，W-MSA）模块。其中，MLP 模块用于实现非线性变换，从而增强模型的表达能力。LN 模块用于对特征向量进行规范化，从而提高模型的稳定性和泛化能力。W-MSA 模块则是 Swin Transformer 的核心部分，它利用自注意力机制来计算特征向量之间的相似性，从而实现特征的重组和提取。同时，W-MSA 模块还采用了局部窗口的方式，将特征图分成多个局部窗口，并在每个窗口中进行自注意力计算，从而提高模型的感受野和特征表达能力。这些模块的结合，使得

Swin Transformer 在处理大尺度图像时,能够较为全面地捕捉图像的局部和全局特征,因此在图像处理领域中表现出了很好的性能。

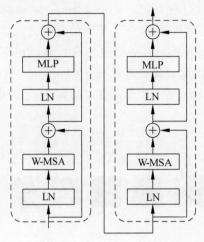

图 14.9　Swin Transformer 块连接结构示意图

14.2.2　SwinIR

如图 14.10 所示,SwinIR 由 3 个模块组成。

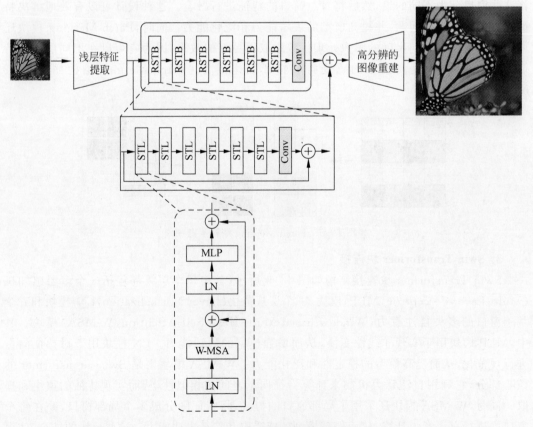

图 14.10　SwinIR 的整体结构

（1）浅层特征提取模块采用 Swin Transformer，这是一种新型的 Transformer 模型。与传统的 Transformer 模型相比，Swin Transformer 具有更少的计算和参数，同时保持了高质量的特征提取能力。通过使用 Swin Transformer 作为浅层特征提取模块，SwinIR 可以更好地提取图像的基本特征。

（2）深层特征提取模块由多个残差 Swin Transformer 块（Res-Swin-Transformer-Block，RSTB）和一个卷积层加残差连接构成，每个 RSTB 由多个 Swin Transformer 层（STL）和一层卷积加残差连接构成。STL 是 Transformer 的升级版本，它增加了局部特征提取和跨层特征融合的能力，使得 SwinIR 可以更好地恢复图像的细节和纹理信息。此外，STL 还引入了自适应正则化，可以有效地防止过拟合。

（3）图像恢复模块采用了上采样的方法进行图像重建。它通过将特征图上采样到原始大小，再通过一个小型卷积网络进行最终的预测，这种方法具有较好的恢复效果和较低的计算复杂度。

14.3　实验操作

14.3.1　代码介绍

本实验所需要的环境配置如表 14.1 所示。

表 14.1　实验环境

操作系统	Ubuntu 20.04 LTS 64 位
开发语言	Python 3.8.8
深度学习框架	PyTorch 1.8.0
相关库	numpy 1.19.4 opencv-python 4.4.0.46 tqdm 4.62.2 Pillow 8.3.2 ipython 7.19.0
系统包配置	libgl1-mesa-glx libglib2.0-0

SwinIR 代码只提供了测试代码和测试权重文件，没有提供完整的训练代码，故使用 KAIR 库中的 SwinIR 训练测试代码（其代码及训练说明文档分别扫描书中提供的二维码下载）。

KAIR 库中含有较多其他算法的内容，本实验重点介绍 SwinIR 相关文件。

```
KAIR
├───docs----------------------------------------------------------说明文档文件夹
│      └───README_SwinIR.md------------------------------ SwinIR 训练和测试说明文档
├───figs---------------------------------------------------------示例图像文件夹
├───model_zoo----------------------------------------------------模型权重文件夹
├───models-------------------------------------------------------模型文件夹
│      └───network_swinir.py---------------------------------SwinIR 模型文件
├───options------------------------------------------------------配置文件文件夹
│      └───swinir------------------------------------------ SwinIR 配置文件文件夹
```

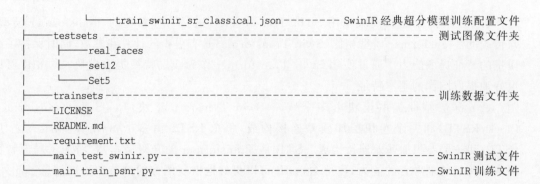

```
            └──train_swinir_sr_classical.json────── SwinIR 经典超分模型训练配置文件
├──testsets ───────────────────────────────────────── 测试图像文件夹
│    ├──real_faces
│    ├──set12
│    └──Set5
├──trainsets──────────────────────────────────────── 训练数据文件夹
├──LICENSE
├──README.md
├──requirement.txt
├──main_test_swinir.py──────────────────────────────── SwinIR 测试文件
└──main_train_psnr.py──────────────────────────────── SwinIR 训练文件
```

14.3.2　数据集

本实验使用 DIV2K 数据集。DIV2K 是一个高分辨率图像的数据集,包含来自多个场景、主题和来源的 800 张分辨率为 2K 的图像。这些图像经过了人工处理和筛选,可以确保图像是高质量、无噪点和无失真的。

DIV2K 数据集广泛应用于超分辨率图像重建算法的研究和评估,包含了各种现实场景的图像,例如,自然风景、城市街景、人类肖像和数字图像等。这些图像的高质量和细节丰富性使得 DIV2K 成为了超分辨率图像重建领域的一个重要的基准数据集。此外,该数据集还包含从 RAW 文件的原始图像中生成的附加 LR 版本,这些版本用于低分辨率图像的训练和测试。DIV2K 数据集示例如图 14.11 所示。

图 14.11　DIV2K 数据集示例

14.3.3　实验操作与结果

1. 数据集准备

DIV2K 训练集可扫描书中提供的二维码下载。DIV2K 训练集下载解压后的文件结构如下:

```
DIV2K
├───DIV2K_test_LR_bicubic
├───DIV2K_test_LR_unknown
├───DIV2K_train_HR
├───DIV2K_train_LR_bicubic
└───DIV2K_train_LR_unknown
```

测试集可扫描书中提供的二维码下载。将 DIV2K/DIV2K_train_HR 文件夹复制到 testsets 文件夹中,并改名为 trainH;将 DIV2K_train_LR_bicubic 文件夹的 X2 文件夹复制到 trainsets 文件夹中,并改名为 trainL;将下载的测试集放置于/testsets 文件夹中即可。

2. 模型训练

打开 options/swinir/train_swinir_sr_classical.json 文件,进行训练前配置。基础设置如下:

```
"task": "swinir_sr_classical_patch48_x2" ----- 训练任务名字
"model": "plain" ---------------------------- 训练模型选择
"gpu_ids": [0,1,2,3,4,5,6,7] ---------------- 多 GPU 设置,一个 GPU 就设置为[0]
"dist": true
"scale": 2 ---------------------------------- 放大倍率设置,可以为×2、×3、×4、×8
"n_channels":3 ------------------------------ 输入通道设置,1 为灰度图,3 为彩色图
```

训练数据集设置如下:

```
"datasets": {
"train": {
    "name": "train_dataset"
    "dataset_type": "sr"
    "dataroot_H": "trainsets/trainH" --------------- 训练集高分辨率数据根目录
    "dataroot_L": "trainsets/trainL" --------------- 训练集低分辨率数据根目录
    "H_size": 96 ---------------- HR 图像的大小,与 img_size 有对应关系,大小设置为 img_
size × scale,img_size 与模型内部采用结构有关,RCAN 为 48,RRDB 为 64
    , "dataloader_shuffle": true
    , "dataloader_num_workers": 16
    , "dataloader_batch_size": 32 ---------------------- 训练 batchsize 设置
  }
"test": {
    "name": "test_dataset"
    "dataset_type": "sr"
    "dataroot_H": "testsets/Set5/HR" --------------- 测试集高分辨率数据根目录
    "dataroot_L": "testsets/Set5/LR_bicubic/X2" ---- 测试集高分辨率数据根目录
  }
}
```

配置好训练文件后,在终端中输入:

```
python main_train_psnr.py -- opt options/swinir/train_swinir_sr_classical.json
```

完成训练过程后,可以得到训练模型。

3. 模型测试

将训练得到的模型文件复制到./model_zoo/swinir 目录下,并在终端输入:

```
python main_test_swinir.py -- task classical_sr -- scale 2 -- training_patch_size 48 --
```

```
model_path model_zoo/swinir/45000_G.pth -- folder_lq testsets/Set5/LR_bicubic/X2
```

在 result 文件夹中将得到测试结果,测试结果如图 14.12 所示。

图 14.12　测试结果示例

14.4　总结与展望

本实验首先介绍了图像超分辨率的发展和研究现状,讨论了传统的插值方法和基于深度学习的重建方法,旨在让实验者初步了解图像超分辨率的概念和现阶段的发展情况。随后介绍了 Swin Transformer 和基于 Swin Transformer 进行图像超分辨率的 SwinIR,其中SwinIR 由浅层特征提取、深度特征提取和高质量图像重建模块组成,可以实现良好的图像超分辨率效果。最后是实验步骤,包括数据集下载、模型的训练和测试等,实验者可以根据实验指导完整地构建一个图像超分辨率模型。

本实验中的图像超分辨率方法基于 Swin Transformer,能够将低分辨率图像较好地转换为高分辨率图像,但还存在一些可以改进的地方,首先是 SwinIR 的性能对输入图像的质量敏感,可以考虑引入图像噪声去除、图像增强等技术来提高模型的鲁棒性;其次是SwinIR 的模型比较大,不便于移动端部署,可以考虑引入轻量化网络结构、模型剪枝等技术来压缩模型规模,实验者可以进一步研究和尝试。

参考文献

[1]　Sajjadi M S M,Scholkopf B,Hirsch M. Enhancenet: single image super-resolution through automated texture synthesis[C]//Proceedings of the IEEE International Conference on Computer Vision,2017.

[2]　Dai D,Wang Y,Chen Y,et al. Is image super-resolution helpful for other vision tasks[C]// Proceedings of the IEEE Winter Conference on Applications of Computer Vision,2016.

[3]　Isaac J S,Kulkarni R. Super resolution techniques for medical image processing[C]//Proceedings for

the International Conference on Technologies for Sustainable Development,2015.

[4] Greenspan H. Super-resolution in medical imaging[J]. The Computer Journal,2009,52(1): 43-63.

[5] Zhang L,Zhang H,Shen H,et al. A super-resolution reconstruction algorithm for surveillance images [J]. Signal Processing,2010,90(3): 848-859.

[6] Jiang M,Wang G. Development of iterative algorithms for image reconstruction[J]. Journal of X-ray Science and Technology,2002,10(1-2): 77-86.

[7] Zhang K,Gao X,Tao D,et al. Single image super-resolution with non-local means and steering kernel regression[J]. IEEE Transactions on Image Processing,2012,21(11): 4544-4556.

[8] 王靖. 流形学习的理论与方法研究[D]. 杭州：浙江大学,2006.

[9] Wang Z,Liu D,Yang J,et al. Deep networks for image super-resolution with sparse prior[C]// Proceedings of the IEEE International Conference on Computer Vision,2015.

[10] Dong C,Loy C C,He K,et al. Learning a deep convolutional network for image super-resolution [C]//Proceedings of the European Conference on Computer Vision,2014.

[11] Krizhevsky A,Sutskever I,Hinton G E. ImageNet classification with deep convolutional neural networks[J]. Communications of the ACM,2017,60(6): 84-90.

[12] Ledig C,Theis L,Huszár F,et al. Photo-realistic single image super-resolution using a generative adversarial network [C]//Proceedings of IEEE Conference on Computer Vision and Pattern Recognition,2017.

[13] Vaswani A,Shazeer N,Parmar N,et al. Attention is all you need[C]//Proceedings of Advances in Neural Information Processing Systems,2017.

[14] Yang F,Yang H,Fu J,et al. Learning texture transformer network for image super-resolution[C]// Proceedings of IEEE Conference on Computer Vision and Pattern Recognition,2020.

[15] Liang J,Cao J,Sun G,et al. SwinIR: Image restoration using swin transformer[C]//Proceedings of the IEEE International Conference on Computer Vision,2021.

[16] Liu Z,Lin Y,Cao Y,et al. Swin transformer: Hierarchical vision transformer using shifted windows [C]//Proceedings of IEEE Conference on Computer Vision and Pattern Recognition,2021.

第 15 章

CHAPTER 15

图像修复

人们总是怕美好的时光一去不复返，从而千方百计地想要留住它，于是就有了照片，照片留住了我们生命中每个难忘的时刻。现如今，拍摄一张照片是再简单不过的事情，无论是山川风景、自然风光还是结婚照片或者是平日里的随手自拍，都可以被完好地保存下来。然而，对于 20 世纪 70—80 年代的人们来说，想要留下一张照片是极为不容易的，要完好地保存到现在更是不太可能的事情。

我们可能经常会在家里找到父母或者爷爷奶奶那一辈的老照片，就像下面这张图片，记录了他们年轻时候的样子，保留了他们的青春。然而这种照片大多经过岁月的洗礼，都已不太清楚，难以辨认，给我们珍贵的回忆带来了遗憾。这时候，图像修复技术就提供了极大的帮助。最近，如图 15.1 所示的图像修复大火，从网友们用小程序"你我当年"一键修复老照片到热门项目"用机器学习修复老照片"，这些都是保存记忆的好方法。

图 15.1　图像修复效果（图片来源可查看书中提供的二维码）

15.1　背景介绍

什么是图像修复呢？图像修复就是对图像中缺失的区域进行修复，或是将图像中的对象抠去并进行背景填充，以取得难以用肉眼分辨的效果。通俗地说，就是既可以用这种方法来还原缺失图像（如图 15.2（a）所示），也可以用此方法将图像中不想要的物体除去（如图 15.2（b）所示），并且让人看不出毛病，以为图片本应如此。

图像修复（image inpainting）的历史可以追溯到文艺复兴时期，起初是指艺术工作者对于博物馆等地方所储存的年代久远、已经出现破损或缺失的艺术作品进行人工修补的一种

(a) 还原缺失图像

(b) 去除图像多余部分

图 15.2 图像修复效果

方法。要使图像修复的结果达到预计效果是非常困难的,它要求修复后的图片和原图难以区分,看起来毫不违和。这个问题就像是一幅画的一部分被遮住了,可以利用想象力来想象或者以逻辑来推断被遮挡的区域是什么样子。这些对人来说似乎很简单,但让机器完成是非常困难的。

随着计算机技术的飞速发展,图像修复的方法也有所改进。Bertalmio 等在博物馆通过长时间的仔细观察,于 2000 年 7 月第一次提出了数字修补(digital inpainting)这个术语,并建立了三阶偏微分方程(Partial Differential Equations,PDE)来解决这一问题。这是一个突破性的进展,它使本来由艺术工作者手工完成的工作得以用计算机来完成。这项技术在节省时间的同时也提高了图像的可重复修改性[1]。

近年来,深度学习方法在图像修复方面取得了巨大的成就。它可以通过自己学习到的数据分布来填充缺失区域的像素,还可以在缺失区域生成与未缺失区域连贯的图像结构框架,这对传统的修复方法来说几乎是不可能做到的。最早使用深度学习来进行图像修复的方法之一是上下文编码器[2],它使用了编码器-解码器的结构,编码器将缺失区域的图像进行映射到低维度的特征空间,解码器在它的基础上构造输出图像。然而,这种方式的缺点是它的输出图像通常会出现视觉伪像,并且相对模糊。因此,Lizuka 等通过减少下采样层的数量,并用一系列的空洞卷积层替换全连接层,使用变化的膨胀因子来补偿下采样层的减少[3]。但是由于采用大的膨胀因子来产生极为稀疏的滤波器,所以大大增加了时间成本。对上下文编码器进行改善的另一个方法是使用预训练的 VGG 网络,通过最小化图像背景的特征差异来改善上下文编码器的输出[4]。但同样,这个方法需要迭代地求解多尺度的优化问题,在时间上也增加了计算成本。也可以引入部分卷积,其中卷积的权重由卷积滤波器当前所在窗口的掩膜区域归一化得到[5],此方法有效解决了卷积滤波器在遍历不完整区域时捕获过多零的问题。而文献[6]中提出的方法与之前有了明显的不同与进步,它采用两个步骤来解决问题:首先,对缺失的区域进行粗略估计,接着细化网络,通过搜索与粗略估计得出具有高相似性的背景图片的集合,使用注意力机制来锐化结构。同样,可以通过引入一个"补丁交换"层,用缺失区域内的每个补丁来替换边界上与之相似的补丁[7,8]。也可以使用手绘草图的方法来指导图像修复工作[9],这种方法使修复效果得到了更好的保证。然而,手绘的方法显然不够智能,还是需要借助于人的帮助。因此,本实验在此基础上取消了手绘草图的步骤,使其学会在缺失的区域产生合理的边缘幻觉,最终达到合理的修复效果。

图像修复技术除了修复久远的照片之外还有着非常广泛的应用。比如在日常生活中,随手的自拍照就可以用图像修复技术来去水印,消除红眼或者不喜欢的痘痘、疤痕等。与之相似,在电视电影行业中,可以用这个技术对电影中不清晰的画面进行补全,或者修复已经久远的、保存不完整的胶片等等。在文物领域,由于各种原因而损坏的历史文物,人为修复可能会存在修复失误从而造成二次损坏的情况,这时图像修复技术就可以很好地解决这个问题。在医学领域,可利用图像修复技术去除医学图像中的噪声,增加图像的对比度和清晰度,方便观察和处理。在数字图像的编码和传输过程中也可以使用图像修复技术来替换丢失的数据。在很多方面,图像修复技术都有着不可替代的作用。本次实验只针对照片的修复进行,旨在帮助读者了解图像修复的原理和思路。

15.2 算法原理

本次实验使用了两次 GAN 网络,实验流程如图 15.3 所示,首先将缺失图像输入网络,经过边缘生成网络(第一个 GAN 网络)生成一个完整的边缘图像,并以此为前提将图像再输入图像补全网络(第二个 GAN 网络),最后生成完整的图像。

图 15.3 实验流程图

下面介绍一些后面网络模型会用到的概念,以帮助后续过程的理解。

15.2.1 基础知识介绍

1. 空洞卷积

如图 15.4 所示,空洞卷积(dilated convolution)又可以翻译为膨胀卷积或扩张卷积,起源于语义分割,就是在标准的卷积层中注入空洞,来增加计算的区域。这个卷积的好处就是在不进行导致信息损失的池化层操作的情况下,让每个卷积都可以输出尽可能大范围的信息。

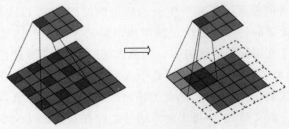

图 15.4 空洞卷积示意图

2. 掩膜

掩膜是由 0 和 1 组成的一个二进制图像。当在某一功能中应用掩膜时,1 值区域被处理,被屏蔽的 0 值区域不被包括在计算中。用这个设定好的二进制图像对要处理的图像进行遮挡,进而控制我们要处理的图像区域。将原图中的像素和掩膜中的像素对应进行运算,$1\&1=1,1\&0=0,0\&0=0$;比如一个 3×3 的图像与 3×3 的掩膜进行运算,得到的结果图像如图 15.5 所示。

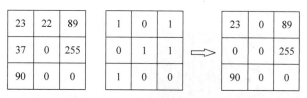

图 15.5 掩膜原理示意图

3. Canny 边缘检测器

Canny 边缘检测是一种非常流行的边缘检测算法,是 John Canny 在 1986 年提出的。它是一个多阶段的算法,该算法可分为以下步骤:

(1) 图像灰度化,只有灰度图才能进行边缘检测。

(2) 使用高斯滤波器,以平滑图像、滤除噪声。

(3) 计算图像中每个像素点的梯度强度和方向。

(4) 应用非极大值抑制(non maximum suppression)消除边缘检测带来的杂散响应。

(5) 应用双阈值(double-threshold)检测来确定真实的和潜在的边缘。

(6) 通过抑制孤立的弱边缘最终完成边缘检测。

本实验使用了一个两阶段的边缘连接模型,第一个步骤生成了完整的边缘图像,使用了边缘生成网络;第二个步骤将图片修复完整,使用图像补全网络。

15.2.2 边缘生成网络

边缘生成网络中使用了一次 GAN 网络,如图 15.6 所示,将缺失的彩色图像变为灰度图像,并且提取出它的边缘图像,再加上该图像对应的掩膜图像,将这 3 种图像输入网络,通过训练好的 G_1 网络使其输出相应的完整边缘图像。其中,G_1 网络包含 2 个进行编码的下采样层、8 个残差模块和 1 个解码的上采样层,用两个带有伸缩因子的空洞卷积层在残差块中代替常规的卷积,使其在最终的残差块中生成区域。

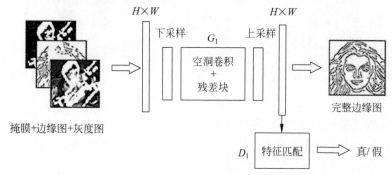

图 15.6 边缘生成网络

　　在第一个阶段,输入网络的缺失图像中的白色部分为缺失区域。使用边缘生成模型对缺失的区域产生"幻觉",生成一个完整的边缘图像,这个边缘图像中用黑色轮廓线表示从输入图像的现有部分提取出的边缘图像,用蓝色的轮廓线(可扫描见彩图)表示通过生成模型所补全的缺失区域的边缘图像。

　　图 15.7(a)为输入的缺失图像,缺失的区域用白色来表示。然后计算出图像的边缘掩膜,图 15.7(b)中的深色边缘线是用 Canny 边缘检测器对已知区域边缘的计算,而浅色边缘线是边缘生成网络对缺失区域的补全效果(扫描见彩图)。

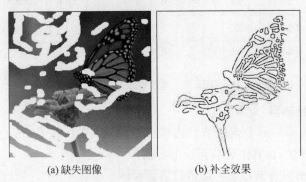

(a)缺失图像　　　　　　　(b)补全效果

图 15.7　边缘补全效果

15.2.3　图像补全网络

　　然后进入第二个阶段,在图像补全网络中又一次使用了 GAN。如图 15.8 所示,将得到的这个完整的边缘图像和要补全的图像输入图像补全网络,通过训练好的 G_2 网络处理后得到完整的补全后的图像。该 G_2 网络中的具体构造与图像生成网络相同,包含 2 个进行编码的下采样层、8 个残差模块和 1 个解码的上采样层。对于 D 网络,使用 70×70 的 patch GAN 架构[10]来判断重叠部分是否正确,并用实例正则化来遍历网络的所有的层。其中,示例正则化是指对一个批次中的单个图片进行归一化,而不是像批量归一化(batch normalization)一样对整个批次的所有图片进行归一化。如果读者想仔细了解其具体原理,可参考 Johnson 等的论文[11]了解其更具体的网络构成。

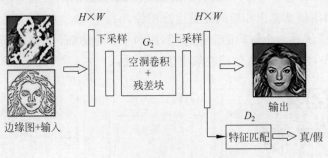

图 15.8　图像补全网络(扫描见彩图)

　　图 15.9(a)为缺失的彩色图像,即要补全的图像,缺失区域用白色部分表示。图 15.9(b)为经过第一个阶段修复好的完整边缘图像。以这两个图像为依据,输入图像补全网络,从而就可以得到完整的修复后的效果图,如图 15.9(c)所示。

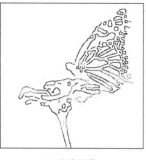

(a)缺失图像　　　　　(b)边缘图像　　　　　(c)完整修复

图15.9　图像补全效果(扫描见彩图)

15.2.4　网络结构介绍

整个网络分为两个GAN网络的组合。GAN主要包括了两个部分,即生成模型 G(Generator)与判别模型 D(Discriminator)。G 模型是一个图片生成网络,它的输入是一系列无规律的随机样本,输出是由这些样本所生成的图片,而 D 模型是一个判别网络,它的输入是 G 网络输入的图片,输出是一个表示概率的数字。若该数字为1,则代表是真实的图片;如果该数字是0,那么它一定不是真实的图片。G 模型主要通过学习真实输入的图像来让自己生成的图像更加"真实",从而"骗过" D 模型。而 D 模型则主要对接收到的图片进行真伪判断。这个生成器生成更加真实的图像和判别器努力识别图像真伪的过程相当于一个二人博弈的过程,随着不断地互相完善,G 模型和 D 模型最终会达到某一动态平衡状态,即 G 模型可生成接近真实的图像,而 D 模型可判断它为真,对于给定图像的预测为真的概率基本接近于 0.5 即可。

在使用网络对图像修复之前,应该先对整个模型算法进行训练,使其拥有能够补全输入图形的能力。接着可以用一张图片进行测试,看看它到底能不能达到所要求的补全效果。在本实验中,需要训练两个网络,即边缘生成网络和图像补全网络。经过两次GAN的训练,将得到实验所需要的完整网络模型。训练好网络模型后,就可以开始对它的效果进行测试。如图15.6所示的那样,首先将缺失边缘图像、缺失灰度图像、缺失图像掩膜输入GAN网络的生成模型中,经过训练好的 G_1 网络就可以生成所需要的完整的边缘图像,再将这个图像和一开始要补全的那个彩色图像输入第二个GAN网络,经过训练好的 G_2 网络,最终得到所需要的补全后的图像。

15.3　实验操作

15.3.1　代码介绍

本实验所需要的环境配置如表15.1所示。

表 15.1　实验环境

条　件	环　境
操作系统	Ubuntu 16.04
开发语言	Python 3.6
深度学习框架	Pytorch 1.0
相关库	Numpy 1.14.3 Scipy 1.0.1 Future 0.16.0 Matplotlib 2.2.2 Pillow 5.0.0 opencv-python 3.4.0 scikit-image 0.14.0 pyaml

实验代码下载地址可扫描书中提供的二维码获得,代码文件目录结构如下:

```
├── checkpoints ----------------------------------------- 用来存放训练好的模型
│   ├── celeba
│   ├── places2
│   └── results ----------------------------------------- 用来存放补全的结果图像
├── config.yml.example
├── examples -------------------------------------------- 用来测试的图像(可换成自己的)
│   ├── celeba
│   │   ├── images -------------------------------------- 缺失图像
│   │   └── masks --------------------------------------- 图像掩膜
│   └── places2
│       ├── images -------------------------------------- 缺失图像
│       └── masks --------------------------------------- 图像掩膜
├── main.py
├── README.md ------------------------------------------- 运行代码前阅读
├── requirements.txt ------------------------------------ 需要的库函数
├── scripts
│   ├── fid_score.py ------------------------------------ 测量 Fréchet 的初始距离(FID 得分)
│   ├── flist.py ---------------------------------------- 生成训练、测试和验证集的文件列表
│   └── metrics.py -------------------------------------- 评估模型
├── src
│   ├── config.py --------------------------------------- 模型配置
│   ├── loss.py ----------------------------------------- 计算损失
│   ├── metrics.py -------------------------------------- 计算精确边缘图
│   ├── models.py --------------------------------------- 模型搭建
│   ├── networks.py ------------------------------------- 搭建网络
│   └── utils.py ---------------------------------------- 功能函数,生成掩膜、显示图像等函数
├── test.py --------------------------------------------- 测试程序
└── train.py -------------------------------------------- 训练程序
```

15.3.2　数据集介绍

1. Places2 数据集

如图 15.10 所示,Places2 数据集是一个场景图像数据集,包含 1000 万张图片,400 多个不同类型的场景环境,如餐厅、森林、码头、街道、游乐场等。该数据集可用于以场景和环境为应用内容的视觉认知任务,由 MIT 大学维护。

图 15.10 Places2 数据集部分图像展示

Places365-Standard 是 Places2 数据库的核心。Places365 的类别列表保存在 Categories_places365.txt 中。Places365-Standard 的图像数据有 3 种类型：Places365-Standard 的训练数据(TRAINING)、验证数据(VALIDATION)和测试数据(TEST)。3 种数据源没有重叠：训练、验证和测试。所有这 3 组数据均包含 365 种场景的图像。高分辨图像档案中图像已调整大小，最小尺寸为 512px，同时保留图像的长宽比。小尺寸图像档案中，图像尺寸小于 512px，则原始图像保持不变。在简洁目录下的小尺寸图像文档中，不管图像原始宽高比如何，数据集中的图像均已调整为 256×256。这些图像是 256×256 图像，采用的是更友好的目录结构。

数据集下载地址可扫描书中提供的二维码获得。

2. CelebA 数据集

CelebFaces 属性数据集(CelebA)如图 15.11 所示，是一个大型数据集，包含二十多万张名人图像，每个图像有 40 页的属性注释，可扫描书中提供的二维码下载。此数据集中的图像涵盖了较大的姿势变化和背景杂波。CelebA 具有多种多样、数量众多且注释丰富的特点，包括身份数量为 10 177，人脸图像为 202 599 张，还包括 5 个地标位置，每个图像有 40 个二进制属性注释。该数据集可用作为以下计算机视觉任务的训练和测试集：面部属性识别、面部检测、界标(或面部部分)定位以及面部编辑和合成。CelebFaces 属性数据集是香港中文大学的开放数据。

该数据集包含 3 个文件夹，其中 Img 文件夹中保存了所有的图片，图片又分为 3 类。其中 img_celeba.7z 文件是没有做裁剪的图片，img_align_celeba_png.7z 和 img_align_celeba.zip 是把 img_celeba.7z 文件裁剪出人脸部分之后的图片，其中 img_align_celeba_png.7z 是 PNG 格式的，img_align_celeba.zip 是 JPG 格式的。

15.3.3 实验操作与结果

1. 预处理图像

本实验使用了 Places2 和 CelebA 两个数据集，在它们的基础上训练模型，读者可根据

图 15.11　CelebA 数据集部分图像展示

数据集介绍部分了解和下载。

下载后运行 scripts 中的 flist.py 来生成训练和测试的文件列表。例如,要在 Places2 这个数据集上来生成训练集文件列表,可运行如下命令(在实际操作时 path path_to_places2_train_set 应改为数据集所在目录):

```
$ mkdir datasets
$ python ./scripts/flist.py -- path path_to_places2_train_set\
-- output. /datasets/places_train.flist
```

此步骤将新建一个名为 datasets 的文件夹,并在这个文件夹下生成名为 places_train. flist 的文件列表。

2. 掩膜处理

由 Liu 等提供的公开的不规则掩膜数据集可扫描书中提供的二维码下载,并且使用 scripts 中的 flist.py 来生成训练和测试的掩膜文件列表。

3. 训练网络模型

开始训练模型之前,先下载一个类似 example config file(示例配置文件)的 config. yaml 文件,并将其复制到程序中的 checkpoints 文件夹下。

训练模型可以使用如下命令:

```
$ python train.py -- model [stage] -- checkpoints [path to checkpoints]
```

例如,要在. /checkpoints/places2 目录下的 Places2 数据集上训练边缘模型:

```
$ python train.py -- model 1 -- checkpoints ./checkpoints/places2
```

4. 测试网络模型

同样,在开始测试模型之前,先下载一个类似示例配置文件(example config file)的

config. yaml 文件，并将其复制到程序中的 checkpoints 文件夹下（若在训练步骤已做过相关步骤，则此处可以省略）。

　　在测试前应将之前训练好的模型或者下载的预训练模型放在 checkpoints 文件夹下（若要下载预训练模型，可运行这个命令：bash ./scripts/download_model.sh）。

　　接着，测试图像时需要提供一个带掩膜的输入图像和一个灰度掩膜文件，应该确保掩膜文件覆盖输入图像中的整个掩膜区域，接着用以下代码设置测试时需要使用的参数：

```
$ python test.py \
-- model [stage]
-- checkpoints [path to checkpoints] \
-- input [path to input directory or file] \
-- mask [path to masks directory or mask file] \
-- output [path to the output directory]
```

例如，用 Places2 模型中的图像来测试：

```
$ python test.py \
-- checkpoints ./checkpoints/places2 \
-- input ./examples/places2/images \
-- mask ./examples/places2/mask\
-- output ./checkpoints/results
```

以上命令将在 ./examples/places2/images 中使用和 ./examples/places2/mask 对应的掩膜图像，并将结果保存在 ./checkpoints/results 目录中。可在 ./checkpoints/results 下查看图像补全的结果。

5. 结果展示

图 15.12 给出了部分需要修补的缺失图像，图 15.13 为补全效果图。

图 15.12　缺失图像展示

图 15.13　补全效果图展示

15.4　总结与展望

本实验所提出的图像补全方法证明了边缘信息可以优化图像补全的效果,但在此不做过多证明,有兴趣的读者可以自己通过一些简化模型进行验证。

同样,这个实验所用到的模型也不只可以用来作为图像补全的模型。例如,可以使用一张图片的左半部分的人脸信息和另一张图片的右半部分的人脸信息生成一个完整的人脸轮廓的边缘图像,再用此边缘图像生成一个彩色图像,得到一个全新的拥有两张图片特点的人像。或者可以去除图像中的目标区域,利用掩膜处理图像中不想要的区域,再用本实验中的模型进行补全,就可以得到最终的效果图。这类有趣的实验还有很多,需要读者发挥自己的想象力去探索。

对于本实验,想更深入进行了解的读者可阅读文章 *EdgeConnect：Generative Image Inpainting with Adversarial Edge Learning*。2019 年的 CVPR 中的一篇文章 *Foreground-aware Image Inpainting* 也用了相似的思路,即先推断生成轮廓边缘,来帮助修复缺失的区域,读者也可进行参考学习。另外,在有关于基于深度学习的图像补全的方法中,2019 年发表的论文 *Coherent Semantic Attention for Image Inpainting* 中提出了另一种思路。这篇文章提出由于局部像素的不连续性,现有的基于深度学习的图像修复方法经常产生具有模糊纹理和扭曲结构的内容。为了解决这个问题,他们提出了一种基于深度生成模型的精细方法,不仅可以保留上下文结构,而且可以对缺失部分进行更有效的预测,通过对孔特征之间的语义相关性进行建模。任务分为粗略和精细两个步骤,并在 U-Net 架构下使用神经网络对每个步骤建模。实验证明,该方法可以获得高质量的修复结果。在 2019 年的 CVPR

文章 *Pluralistic Image Completion* 中提出了一种用于多元图像完成的方法,该方法使用一种新颖且以概率为原则的框架,框架具有两条平行的路径,两者均受 GAN 支持;还引入了一个新的短期和长期关注层,该层利用了解码器和编码器功能之间的关系,从而改善了外观一致性。在数据集上进行测试时,该方法不仅生成了更高质量的完成结果,而且还具有多种多样的合理输出,有兴趣的读者也可以进行深入的阅读和学习。

参考文献

[1] 王妮娜. 图像修补方法的研究[D]. 南京:东南大学,2005.

[2] Pathak D,Krahenbuhl P,Donahue J,et al. Context encoders: feature learning by inpainting[C]// Proceedings of IEEE Conference on Computer Vision and Pattern Recognition,2016.

[3] Iizuka S,Simo-Serra E,Ishikawa H. Globally and locally consistent image completion[J]. ACM Transactions on Graphics,2017,36(4):1-14.

[4] Yang C,Lu X,Lin Z,et al. High-resolution image inpainting using multi-scale neural patch synthesis [C]//Proceedings of IEEE Conference on Computer Vision and Pattern Recognition,2017.

[5] Liu G,Reda F A,Shih K J,et al. Image inpainting for irregular holes using partial convolutions[C]// Proceedings of the European Conference on Computer Vision,2018.

[6] Yu J,Lin Z,Yang J,et al. Generative image inpainting with contextual attention[C]//Proceedings of IEEE Conference on Computer Vision and Pattern Recognition,2018.

[7] .Y. Song,C. Yang,Z. Lin,et al. Contextual-based image inpainting:infer,match,and translate[C]// Proceedings of the European Conference on Computer Vision,2018,3-19.

[8] Yu J,Lin Z,Yang J,et al. Free-form image inpainting with gated convolution[J/OL]. arXiv: 1806. 03589.

[9] Isola P,Zhu J,Zhou T,et al. Image-to-image translation with conditional adversarial networks[C]// Proceedings of IEEE Conference on Computer Vision and Pattern Recognition,2017.

[10] Zhu J,Park T,Isola P,et al. Unpaired image-to-image translation using cycle-consistent adversarial networks[C]//Proceedings of the European Conference on Computer Vision,2017.

[11] Johnson J,Alahi A,Li F. Perceptual losses for real-time style transfer and super-resolution[C]// Proceedings of the European Conference on Computer Vision,2016,694-711.

第 16 章

CHAPTER 16

AI 对对联

　　贴对联是我国的文化传统之一，它又称为对偶、春联、桃符、楹联等，是写在纸上、布上，或是刻在竹子、木头、柱子上的对偶语句。对联是一种对偶的文学形式，根据其应用场合的不同而被称作不同的名称，如春节时期挂的对联叫作春联，如图 16.1 所示；办丧事使用的对联叫作挽联；办喜事使用的对联叫作庆联。对联是中国传统文化的瑰宝，国务院在 2005 年把对联的这种习俗列为第一批国家非物质文化遗产名录，它对于弘扬中华民族文化有着非常重大的价值。

图 16.1　春联

　　对联已经有数千年的历史。古代传说东海度朔山有大桃树，桃树下有神荼、郁櫑二神，主管万鬼。如遇作祟的鬼，他们就把它捆起来喂老虎。当时的人们把神荼和郁櫑的名字分别书写在两块桃木板上，悬挂于左右门，以驱鬼压邪。这就是桃符。到了五代，人们又开始把联语写在桃木板上，这就成了春联的原型。据《宋史蜀世家》记载，五代后蜀主孟昶："每岁除，命学士为词，题桃符，置寝门左右。"末年（公元 964 年），学士幸寅逊撰词，昶以其非工，自命笔题云："新年纳余庆，嘉节号长春。"这成为了我国历史记载的第一副春联。王安石诗中"千门万户曈曈日，总把新桃换旧符"的句子，描绘了宋代民间春节贴对联的盛况。而明代是对联发展的高峰期，此时人们开始用红纸代替桃木板。据《簪云楼杂话》记载，明太祖朱元璋定都金陵后，除夕前，曾命公卿士庶家门须加春联一副，并亲自微服出巡，挨门观赏取乐。随着各国文化交流的发展，对联还传入了很多东南亚国家，这些国家至今还保留着贴对联的风俗。

　　随着科技的发展，尤其是随着人工智能技术在语文文字处理应用的快速发展，人工智能也有机会参与对联的创作，人类也不再是语言艺术的唯一创作者。近年来，随着计算机处理信息能力的大幅上升,以及深度神经网络模型的提出,很多科技公司或者技术团队都推出了人工智能对对联的应用,供大家娱乐。本章将通过一个开源的小项目,介绍 AI 对对联功能。

16.1　背景介绍

对联对仗工整,平仄协调,是中文语言的独特艺术形式。对联文字长短不一,短的只有一两个字,长的甚至可达几百字。对联的形式也有多种多样,有正对、反对、流水对等。但是总体来说,对联都有字数相等、断句一致、平仄结合、音调和谐、词性相对、位置相同、内容相关、上下衔接的特点。

人工智能对对联是人工智能与语言艺术融合的结晶,人工智能技术的成熟和计算机性能的提升都为它的实现提供了可能。人工智能对对联使用了自然语言处理(Natural Language Processing,NLP)领域的技术,接下来详细介绍一下自然语言处理及其发展。

身处于信息时代,数据量以难以估量的速度增长着。这些数据有相当一部分都与语言和文本相关,例如电子邮件、网页、论坛发帖、电话等,自然语言处理技术能够帮助人类完成从简单到复杂的日常处理任务。自然语言处理是计算机科学领域与人工智能领域中的一个重要方向。它研究能实现人与计算机之间用自然语言进行有效通信的各种理论和方法。如今,它已经彻底改变了工作和生活中处理数据的方式,并且未来会一直深入发展。

自然语言处理早在 1950 年就由艾伦·图灵(Alan Turing)在 *Computing machinery and intelligence* 中提出。1980 年年底,机器学习(Machine Learning)引入自然语言处理以后,自然语言处理的发展渐渐迅速起来。而深度学习(Deep Learning)技巧的引入,让自然语言处理的发展和效果更上一层楼。自然语言处理包括自然语言理解(Natural Language Understanding,NLU)和自然语言生成(Natural Language Generation,NLG),自然语言理解是将人类语言转换为代码、电信号等计算机可理解的信息;反之,自然语言生成是将电子信息转换为人类语言,两者互为逆过程,如图 16.2 所示。

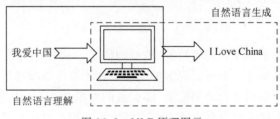

图 16.2　NLP 原理图示

微软亚洲研究院在 2015 年推出了人工智能对对联的程序,百度、阿里巴巴和腾讯三大互联网巨头也在近几年的春节期间提供了智能对联应用[1,2]。2017 年,一个名为“王斌给您对对联”的网站在互联网中火了一把,用户输入任意的一个句子作为上联,人工智能则会给你对出令人意想不到的下联,虽然脑回路清奇,却对仗工整(见图 16.3)。同在 2017 年,电视节目《机智过人》上亮相的 AI 对联机器人“小薇”,也是人工智能技术成果的一次综合展示。

除了人工智能对对联之外,自然语言处理还有很多的实际应用,其中最普遍的应用案例便是机器翻译(Machine Translation)[4]和虚拟助手(Virtual Assistant)。机器翻译已经广

欢迎使用自动对对联系统
对联小贴士：如果上联平仄符合规范，将会得到更好的下联
请输入上联
对下联
上联：
下联：

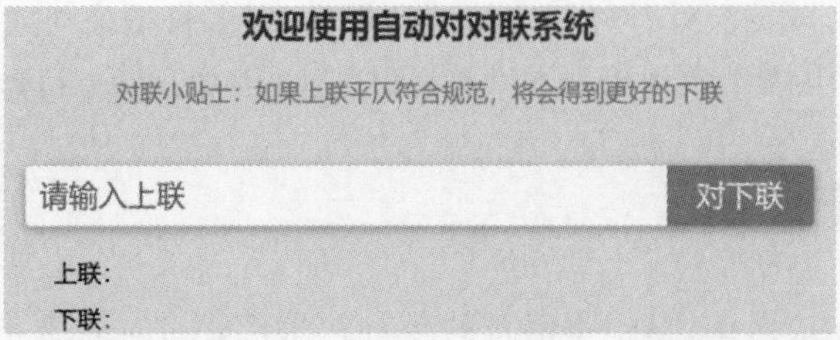

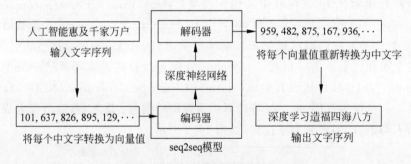

图 16.3 “王斌给您对对联”的网页截图[3]

泛应用于实际生活中，例如有道词典 App 目前就是基于神经网络技术实现的机器翻译；而虚拟助手目前已经运用在智能设备中，例如微软的 Cortana、谷歌的 Assistant 和苹果的 Siri[4]。

16.2 算法原理

16.2.1 自然语言处理概述

本次实验可实现输入上联，就能对出下联的功能。输入一段中文作为上联，通过编码操作，将转化的向量值输入深度神经网络，最终输出的结果再经过解码，就生成了字数相同、对仗工整的下联。这种做法能够达到和真的诗人对对联一样的效果。其原理如图 16.4 所示。

人工智能惠及千家万户
输入文字序列
101, 637, 826, 895, 129, · · ·
将每个中文字转换为向量值
编码器
深度神经网络
解码器
seq2seq模型
959, 482, 875, 167, 936, · · ·
将每个向量值重新转换为中文字
深度学习造福四海八方
输出文字序列

图 16.4 人工智能对对联的原理图

人工智能对对联技术由编码解码技术、模型训练技术和模型测试技术 3 方面组成。编码解码技术的基本原理是将人类可以理解的文字和计算机可以理解的向量值相互转换；模型训练技术的基本原理是用已有的训练集（即大量的对联数据）训练模型的参数（即后面要提到的语义向量 $\boldsymbol{C}$），直到模型参数收敛为止。模型测试技术的基本原理是将用户提出的上联经过编码（encode）输入训练好的模型，得到的输出再解码（decode）得到下联。

计算机无法直接对文字进行处理，而是将文字转换为计算机可以理解的符号再做进一步的运算[5-8]。本次实验就是将文字序列中的每一个文字转换成一个个向量值，而数据集中就有一个专门的文件来保存每个汉字的映射值。当文字被转换为向量值后，便可载入模型去训练或测试。

16.2.2 递归神经网络

本次实验使用了深度学习算法，其本质是复杂的神经网络（neural network），不用针对其中的特殊任务去执行任何特征工程，就可以将原始数据映射到所需的输出。本次实验使

用的 RNN 是一个特殊的神经网络系列[9]，适用于处理时间序列数据，例如，一系列文本或者股票价格。RNN 中含有一个叫作状态变量的参数，用来获取数据中隐藏的各种模式，所以它们能够对序列数据建模。传统的前馈神经网络一般不具备这种能力，除非用获取到的序列中的重要模式的特征表示来表示数据，这样的特征表示相当困难。当然，传统的神经网络也可以对时间序列中的每个位置都设有单独的参数集，但是这样会让网络变得相当复杂，也大大增加了对内存的需求。RNN 可随时共享相同的参数集，这样 RNN 就能学习序列每一时刻的模式。在序列中观察当前时刻的每个输入，同时给定上一时刻的状态变量，随时间共享的参数与状态变量组合，就可以预测序列的下一个值。

对于网络结构而言，在传统的神经网络模型中，从输入层到隐藏层再到输出层，层与层之间是全连接的，但每层之间的节点是无连接的，这种普通的神经网络对于解决一些问题有局限性。例如，你要预测句子的下一个单词是什么，一般需要用到前面的单词，因为一个句子中前后单词并不是独立的。

递归神经网络中的一个序列当前的输出与前面的输出也有关，具体表现为：网络会对前面的信息进行记忆并应用于当前输出的计算中，即隐藏层之间的节点不再无连接而是有连接的，并且隐藏层的输入不仅包括输入层的输出，还包括上一时刻隐藏层的输出。所以理论上，RNN 可以对任意长度的序列进行处理。在实践中，为了降低复杂性，往往假设当前的状态与前面几个状态有关。

递归神经网络包含输入单元(input unit)，输入集标记为 $\{x_0, x_1, \cdots, x_t, x_{t+1}, \cdots\}$，而输出单元(output unit)的输出集则被标记为 $\{y_0, y_1, \cdots, y_t, y_{t+1}, \cdots\}$。递归神经网络还包含有隐藏单元(hidden unit)，将它的输出集标记为 $\{h_0, h_1, \cdots, h_t, h_{t+1}, \cdots\}$。其中，有一条单向信息流是从输入单元流向隐藏单元的，还有一条单向信息流是从隐藏单元流向输出单元的。在某些情况下，递归神经网络会打破限制，引导信息从输出单元返回隐藏单元，这些被称为反向映射(back projection)，并且隐藏层的输入还包括上一隐藏层的状态，也就是说，隐藏层内的节点可以自连也可以互连。

递归神经网络可以展开成一个全神经网络，如图 16.5 所示。例如，一个含有 t 个单词的句子，就可以展开成一个 t 层的神经网络，每层代表一个单词。

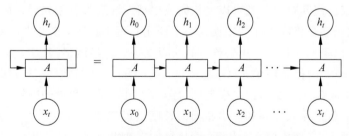

图 16.5　RNN 展开图示

递归神经网络分为一对一递归神经网络、一对多递归神经网络、多对一递归神经网络和多对多递归神经网络。图 16.5 左边的一对一递归神经网络是单输入单输出的，当前输入依赖于之前观察到的输入，用于股票预测、场景分类和文本生成。图 16.6(a)是多对一递归神经网络，输入一个序列 $(x_1, x_2, \cdots, x_t)$，输出单个元素，主要用于句子分类。图 16.6(b)和图 16.6(c)是一对多递归神经网络，输出任意数量的元素 $(y_1, y_2, \cdots, y_t)$，用于图像描述。

如图 16.6(d)所示的多对多递归神经网络是输入任意长度的序列$(x_1, x_2, \cdots, x_t)$,输出任意长度的$(y_1, y_2, \cdots, y_t)$,常用于机器翻译和聊天机器人。本次实验使用的模型就是基于多对多递归神经网络的。在机器翻译中,输入序列和输出序列可以是不等长的,这种多对多的结构又称为编码器-解码器(Encoder-Decoder)结构,后面会有进一步的解释。

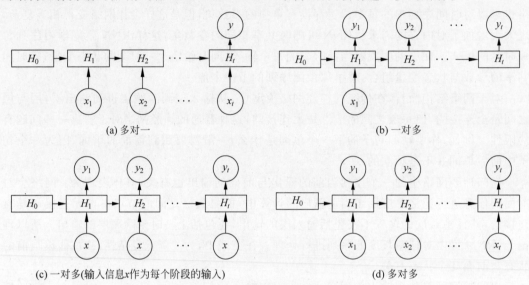

(a) 多对一　　　　　　　　　　　　　　　　　　　(b) 一对多

(c) 一对多(输入信息x作为每个阶段的输入)　　　　　(d) 多对多

图 16.6　不同的编码器-解码器结构

在实践中已经证明,递归神经网络在自然语言处理中有着非常成功的应用。例如,词向量表达、语句合法性检查、词性标注等。而长短时记忆模型则是递归神经网络中最广泛最成功的模型[10]。

16.2.3　网络结构介绍

本实验使用的网络基于 seq2seq 模型,它就是一个编码器-解码器结构在文字序列处理应用的模型[11]。2017 年,谷歌为机器翻译相关研究,开源了基于 TensorFlow 的 seq2seq 函数库,使得仅仅使用几行代码就可以轻松完成模型训练过程。首先要了解什么是编码器-解码器结构。编码器是将输入序列转换成一个固定长度的向量,解码器是将输入的固定长度向量解码成输出序列。它的编码解码方式可以是递归神经网络[其中,基于递归神经网络的元胞可以是 RNN、门控循环单元(Gate Recurrent Unit,GRU)模型、长短时记忆模型等结构,本次实验用的是基于长短时记忆模型的元胞],也可以是卷积神经网络。seq2seq 架构有一个显著的优点,就是输入序列和输出序列的长度是可变的。所以它被广泛应用于机器翻译、自动对话机器人、文档摘要自动生成、图片描述自动生成等实际应用中。

seq2seq 的输入是一个文字序列$(x_1, x_2, \cdots, x_t)$,首先编码器对输入进行编码,再经过函数变换为中间语义向量C,而解码器则根据中间语义向量C和已经生成历史输出,去生成新的输出$(y_1, y_2, \cdots, y_t)$,如图 16.7 所示。

seq2seq 模型有很多变种,图 16.8 展示了其中一种,可以将中间语义向量C当作解码器的每一时刻输入。

一般的编码器-解码器结构中,编码器和解码器的唯一联系就是语义编码C,即将整个

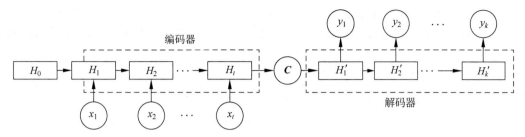

图 16.7　seq2seq 的一种结构

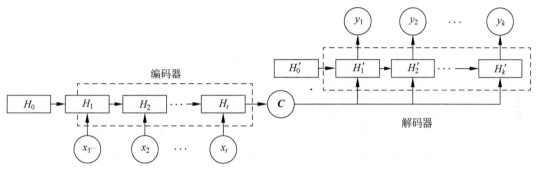

图 16.8　seq2seq 的另一种结构

输入序列的信息编码成一个固定大小的状态向量再解码,相当于将信息的有损压缩。很明显这样做有两个缺点:

(1) 中间语义向量无法完全表达整个输入序列的信息。

(2) 随着输入信息长度的增加,由于向量长度固定,先前编码好的信息会被后来的信息覆盖,从而丢失很多信息。

这就相当于,语义编码 C 对输出的影响是相同的。而事实上,一定会有一个输入或者历史输出对当前输出的贡献最大,例如,在对对联应用中,上联(输入)的对仗信息和下联(输出)的某一上下文信息,会对输出的另一个字有着很高的影响。这就引出了 seq2seq 结构中带有注意力(attention)机制的模型。

注意力模型的特点是解码器不再将整个输入序列编码为固定长度的中间语义向量 C,而是根据当前生成的新单词计算新的 C_i,使得每个时刻输入不同的 C,这样就解决了单词信息丢失的问题,结构如图 16.9 所示。

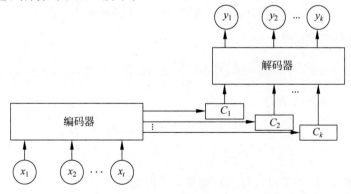

图 16.9　带有注意力机制的 seq2seq 结构

　　每一个 C 都会自动选取当前输入 y 最合适的上下文信息。打个比方说,我们用 a_{ij} 衡量编码器中的第 j 阶段的 H_j 和解码时第 i 阶段的相关性,最终的解码器中的第 i 阶段的输入的上下文信息 C_i 就来自于所有 H_j 和 a_{ij} 的加权和。

　　由图 16.10 可见,输入的序列是"千家万户",编码器中的 $H_1 \sim H_4$ 就分别看作"千""家""万""户"所代表的信息。在对对联的时候,第一个上下文 C_1 就和"千"这个字最相关,因此对应的 a_{11} 权重就比较大,而相应的 $a_{12} \sim a_{14}$ 的权重就比较小。第二个上下文 C_2 就和"家"这个字最相关,因此对应的 a_{22} 权重就比较大,而相应的 a_{21}、a_{23} 和 a_{24} 的权重就比较小。以此类推。

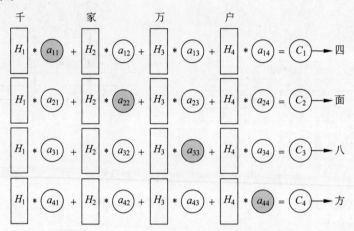

图 16.10　注意力机制的语义编码 C 生成图示

　　而权重 a_{ij} 也是从模型中学出的,如图 16.11,它与解码器的第 $i-1$ 阶段的隐状态和编码器第 j 个阶段的隐状态有关。图 16.12 就展示了前面的例子中,对于 a_{1j}、a_{2j}、a_{3j}、a_{4j} 的学习过程。

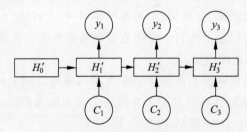

图 16.11　注意力机制的解码器图示

以上过程的表示形式为

$$C_i = \sum_{j=1}^{t} a_{ij} H_j$$

其中,

$$a_{ij} = \frac{\exp(s_{ij})}{\sum_{k=1}^{t} \exp(s_{ik})}, \quad s_{ij} = \text{sim}(H'_{i-1}, H_j)$$

sim( )表示相似性运算,如可以进行点积运算等获取相似度。

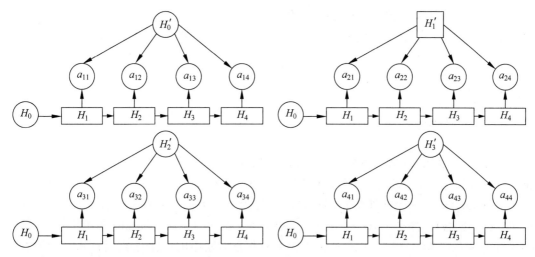

图 16.12 注意力机制模型的 a_{ij}（分别是 a_{1j}、a_{2j}、a_{3j}、a_{4j} 的学习过程）

16.3 实验操作

16.3.1 代码介绍

本实验所需要的环境配置如表 16.1 所示。

表 16.1 实验环境

条 件	环 境
操作系统	Ubuntu 18.04LTS
开发语言	Python 3.6
深度学习框架	Tensorflow 1.14
相关库	仅 Python 内建函数

实验代码下载地址扫描书中提供的二维码获得,代码文件目录结构如下:

├── bleu.py -- bleu 评价函数
├── couplet.py -- 存放输入输出文件地址及训练参数
├── LICENSE -- 原作者的开源许可证文件
├── model.py --------------------------------------- 模型文件,定义了 init、train、eval 等函数
├── reader.py -- 读取数据的文件
├── README.markdown -- 说明书
├── Seq2Seq.py -------------------------------- seq2seq 结构文件,调用了 tf 库的一些函数
├── terminal.py --让结果在终端显示
└── test.py --让结果在终端显示

16.3.2 数据集介绍

数据集下载地址扫描书中提供的二维码获得,一开始,代码的原作者使用了数据爬取工具在互联网上抓取了 700 000 对对联样本作为数据集。为了更方便大家使用,作者又直接发布了现成的数据集供大家使用。

下载 zip 包并解压,得到了两个文件夹 train 和 test,另有一个文件 vocabs,两个文件夹中都有一个 in.txt 文件和 out.txt 文件。解压后的文件夹的文件结构如下：

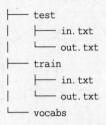

```
├── test
│   ├── in.txt
│   └── out.txt
├── train
│   ├── in.txt
│   └── out.txt
└── vocabs
```

其中，文件夹 train 为训练集，train/in.txt 包含了上联数据，每一行为一个上联，每个字都用空格隔开，train/out.txt 包含了下联数据，每一行为一个下联，每个字也都用空格隔开。in.txt 和 out.txt 这两个文件的相同行数的内容为一个对偶。文件夹 test 为测试集，test/in.txt 的内容取自（并少于）train/in.txt，test/out.txt 同样如此。vocabs 为单字文件，除了前 4 行是"<s>""</s>""。"","之外，其余每行都是对联中出现过的字，在本次实验中有文字转向量表的作用。

16.3.3　实验操作与结果

1. 训练网络模型

下载代码并解压，进入工程文件夹后，打开 couplet.py，将文件中引用数据集路径的代码改成数据集的路径，并指示 output_dir 路径。假如数据集放在工程目录下，并且指示输出的网络文件到工程目录的 couplet_output 文件夹中，可以将代码修改如下：

```
m = Model(
        'couplet/train/in.txt',
        'couplet/train/out.txt',
        'couplet/test/in.txt',
        'couplet/test/out.txt',
        'couplet/vocabs',
        num_units = 1024, layers = 4, dropout = 0.2,
        batch_size = 32, learning_rate = 0.001,
        output_dir = 'couplet_output',
        restore_model = False)
```

而最后一行的 m.train(5000000)设置的训练代数，可以编辑修改。

接下来，在 Python 3.6 虚拟环境的终端下，将当前目录切换到工程目录，输入：

```
python couplet.py
```

接下来就是漫长的训练时间了，可以实时地在终端上查看效果。开始输出的内容可以用"鬼畜"来形容，而到了后面，输出的内容会渐渐正常起来，此时，就可以第一次体会到亲手训练的人工智能"变聪明"的喜悦了。训练集数据内容如图 16.13 所示。

2. 测试网络模型

当训练完成以后，进入工程目录，打开 terminal.py，将其中的两段代码修改如下：

```
vocab_file = 'couplet/vocabs'
model_dir = 'couplet_output'
```

在 Python 3.6 虚拟环境的终端下，当前目录切换到工程目录，输入：

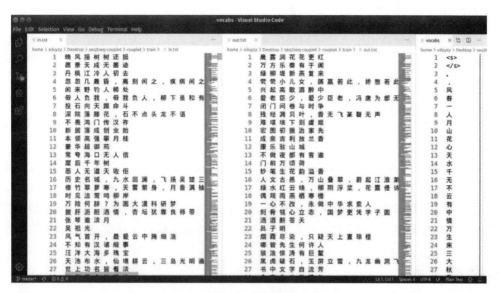

图 16.13　训练集数据内容

```
python test.py
```

当终端上出现"请输入："字样的时候,试着输入一句话作为上联,按 Enter 键,就能看见 AI 对对联输出的结果了。

16.4　总结与展望

在实际生活中,实现更复杂的应用往往需要复杂的算法。本次实验主要展示了如何用深度神经网络实现人工智能对对联应用。人工智能对对联应用兼有优点和缺点,优点是它是基于海量大数据的,能够实现对联在规则上的准确无误,丰富了语言,是传统文化和现代科技的融合。但人工智能毕竟没有情感,规则过于严格,机械化严重,缺乏主观情感的表达。于是,人工智能在未来给科学家们提出了新的要求:能否赋予人工智能以情感。具体来说,能否在对对联的同时,结合语境、人物身份等环境要素,使得对联更加有主观色彩,这将是未来可以探讨的一个问题。

当然,自然语言处理方向中的其他应用所具有的潜在能力和面临的困难都不容忽视。端到端训练和表征学习真正使深度学习区别于传统的机器学习方法,使之成为自然语言处理的强大工具。深度学习中通常可以执行端到端的训练,原因在于深度神经网络能够提供充足的可表征性,数据中的信息能够在模型中得到高效编码。比如,在神经机器翻译中,模型完全利用平行语料库自动构建而成,且通常不需要人工干预。与传统的统计机器翻译(特征工程是其关键)相比,这是一个明显的优势。

深度学习中的数据可以有不同形式的表征,比如,文本和图像都可以作为真值向量被学习。这使之能够多模态执行信息处理。比如,在图像检索任务中,将查询(文本)与图像匹配并找到最相关的图像变得可行,因为这些数据都可以用向量来表征。

深度学习虽然带来很多机遇,但是它依旧面临着更普遍的挑战。比如,缺乏理论基础和模型可解释性,需要大量数据和强大的计算资源。而自然语言处理需要面对一些独特的挑战,即长尾挑战、无法直接处理符号以及有效进行推断和决策。面对训练数据短缺的局面,研究人员开发了各种技术用于使用网络上海量未标注的文本(称为预训练)来训练通用语言表示模型。然后,将其应用于小数据自然语言处理任务(如问答和情感分析)微调预训练模型,与从头对数据集进行训练相比,使用预训练模型可以显著地提高准确率。例如,谷歌就公布了一项称为 BERT(Bidirectional Encoder Representations from Transformers)的用于自然语言处理预训练的新技术,BERT 是第一个深度双向无监督的语言表示,仅使用纯文本语料库(例如,维基百科)进行预训练。相比其他模型,BERT 有更好的性能评估值。

事实上,自然语言处理的大量知识都是符号的形式,包括语言学知识(如语法)、词汇知识(如 WordNet)和世界知识(如维基百科)。目前,深度学习方法尚未有效利用这些知识。符号表征易于解释和操作,而向量表征对歧义和噪声具有一定的鲁棒性。如何把符号数据和向量数据结合起来、如何利用二者的力量仍然是自然语言处理领域有待解决的问题。

参考文献

[1] 微软亚洲研究院电脑对联[EB/OL],https://duilian. msra. cn.

[2] 雍黎. 脑回路清奇的 AI 原来是这么对对联的[EB/OL],http://digitalpaper. stdaily. com/http_www. kjrb. com/kjrb/html/2019-01/14/content_412476. htm?div=-1.

[3] 王斌给您对对联-_-![EB/OL],https://ai. binwang. me/couplet.

[4] D. Bahdanau,K. Cho,Y. Bengio. Neural machine translation by jointly learning to align and translate [J/OL]. arXiv: 1409. 0473,2014.

[5] J. Sébastien. K. Cho,R. Memisevic,et al. On using very large target vocabulary for neural machine translation[J/OL]. arXiv: 1412. 2007,2014.

[6] O. Vinyals,Q. Le. A neural conversational model[J/OL]. arXiv: 1506.05869,2015.

[7] J. Devlin, M. Chang, K. Lee, et al. BERT: Pre-training of deep bidirectional transformers for language understanding[J/OL]. arXiv: 1810.04805,2018.

[8] H. Li. Deep learning for natural language processing: advantages and challenges[J]. National Science Review,2018,5(1): 24-26.

[9] K. Cho, B. Van Merrienboer, C. Gulcehre, et al. Learning phrase representations using RNN encoder-decoder for statistical machine translation[J/OL]. arXiv: 1406.1078,2014.

[10] Understanding LSTM Networks[EB/OL]. https://colah. github. io/posts/2015-08-Understanding-LSTMs/.

[11] I. Sutskever,O. Vinyals,Q. V. Le. Sequence to sequence learning with neural networks[J/OL]. arXiv: 1409.3215,2014.

## 第 17 章

语 音 识 别

看《钢铁侠》这部电影时,令人印象最深刻的除了钢铁侠炫酷的战甲就是超级智能电脑贾维斯了。贾维斯可以根据钢铁侠的语音指令处理各种事务,迅速搜索、计算得到钢铁侠所需信息,钢铁侠的很多想法都是在与贾维斯的沟通过程中产生的。

像贾维斯这样的人工智能管家,谁不想拥有呢? 只需要一个语音指令,就能做任何你想做的事,这是多么酷的一件事! 尽管现实生活中并不存在能够帮助人们拥有超能力的先进战甲,但能够听懂钢铁侠的指令并且具有超强计算能力和执行能力的贾维斯正在逐渐变为现实。"我想听音乐!"无须打字,无须手动搜索播放,一条语音指令就能让智能音箱自动播放出优美的旋律。本章将详细介绍语音识别技术。

17.1 背景介绍

语言是人与人之间沟通交流最重要的工具之一,而语音就是语言的载体。随着计算机技术的飞速发展以及人工智能相关技术的不断成熟,人们越来越希望可以与机器进行语音交流,使机器能够理解人类在说什么,直接用一句话控制机器做自己想要做的事[1]。

语音识别作为信息技术中人机接口的关键技术,它使人们可以摆脱键盘和鼠标,通过语音对机器发出指令,使得人机交互变得更加容易和方便,具有重要的研究意义和广泛的应用价值。当今社会正在迅速朝着智能化和自动化发展,迫切需要性能优越的自动语音识别技术,但语音信号会由于说话者不同、不同的讲话方式、不确定的环境噪声等而变化很大[2],使得语音识别系统的适应性差,对环境依赖性强,噪声环境下语音识别进展困难,语音识别系统的准确率一直不尽如人意,研究语音识别系统鲁棒性问题引起了广大学者的重视。

语音识别技术也称为自动语音识别(Automatic Speech Recognition),输入一个语音文件,语音中的词汇内容就会被转换为计算机可读的中文字符序列并输出,如图 17.1 所示。

图 17.1 语音识别流程示意图

语音识别技术发展至今,已经有六十多年的历史,它伴随着计算机科学和通信等学科的发展逐步成长,其中经历了许多技术改进。

语音识别技术研究的开端,是 20 世纪 50 年代的 Audry 系统,它是第一个可以识别 10 个英文数字的语音识别系统。到了 20 世纪 70 年代,计算机性能的大幅度提升促进了语音识别技术的发展,线性预测编码技术(Linear Predictive Coding,LPC)的引入,使得孤立词识别系统从理论变为现实,但语音识别系统的性能还是远低于人类[3]。20 世纪 80 年代,人们对语言识别技术的研究更加深入,隐马尔可夫模型(Hidden Markov Model,HMM)和人工神经网络(Artificial Neural Network,ANN)两种关键技术在语音识别中得到成功应用[4]。

20 世纪 90 年代,语音识别技术基本成熟,开始应用于全球市场,许多著名的科技公司,如 IBM、Apple、NTT 等,在语音识别系统的实用化开发研究中投入了巨大精力。21 世纪,凭借着深度学习对海量数据的强大建模能力,基于深度神经网络(Deep Neural Network,DNN)的声学模型进一步降低了单词识别错误率[5],语音识别不断取得突破性进展,新一轮的语音识别研究热潮正在兴起[6]。

我国的语音识别技术发展一直紧跟国际水平,国家对相关技术的研究给予了高度重视,关于大词汇量语音识别的研究已被列在"国家高技术研究发展计划"中,由中科院声学所、自动化所及北京大学等单位研究开发,取得了令人瞩目的科研成果[7]。

历经六十多年的发展,语音识别技术已经逐渐成熟,从一项实验室理论研究逐步走向全球应用市场,并且具有广阔的应用前景,例如,语音输入、语音检索、命令控制、机器自动翻译、自助客户服务等[8]。小米开发的小爱同学、百度开发的小度、苹果开发的 Siri,虽然还达不到贾维斯的智能程度,但已经达到了实用水平。可以预见,在不久的将来,语音识别技术的实用性将在研究人员的努力下得到不断提高[9],从而让高可靠性的便捷人机交互能直接服务于人们的工作和生活,提高人们的工作效率和生活质量。

17.2 算法原理

语音识别技术主要包括特征提取技术、模型训练技术及模式匹配技术 3 方面。具体来说,语音识别系统的输入是一段语音信号,首先需要计算输入语音信号的特征参数,把语音信号中具有辨识性的成分提取出来,来表征每一段语音的特点。在进行语音识别之前需要大量的语音数据和标签文件来训练模型参数,将所有训练得到的特征参数模板结合在一起,形成模型库。最后将待识别语音信号的特征参数矩阵输入识别网络中,将其与模型库中已有的特征参数模板进行相似度比较,将相似度最高者作为识别结果输出,得到语音识别文本。语音识别系统的基本原理框图如图 17.2 所示。

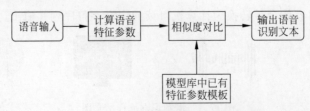

图 17.2　语音识别系统的基本原理框图

17.2.1 语音信号预处理

声音实际上是一种波，.wav 文件中存储的就是声音的波形。图 17.3 是一个声音波形的示例。

在开始语音识别之前，必须要对语音信号进行预加重、分帧、加窗等预处理操作，尽可能保证后续步骤得到的信号更平滑，以提高语音识别质量。分帧操作，也就是把语音信号切成多个小段，每个小段称为一帧，为了使帧与帧之间平滑过渡，分帧一般采用交叠分段的方法。如图 17.4 所示，该加载窗口共有 3 帧信号，帧长为 20ms，前一帧和后一帧的交叠部分叫帧移，常见的取法是取为帧长的一半，这里取为 5ms。

图 17.3 声波图

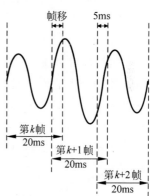

图 17.4 分帧操作示意图

17.2.2 语音信号特征提取

预处理之后，语音信号就变成了很多小段。但是波形在时域上几乎没有描述能力，因此必须对波形进行转换。一种常见的方法是提取语音信号的美尔频率倒谱系数（Mel Frequency Cepstral Coefficients，MFCC），把每一帧波形变成一个向量，该向量包含了这帧语音的内容信息，这个过程称为声学特征提取。

在任何一个语音识别系统中，都需要进行声学特征提取，就像图像处理中提取到的图像颜色、形状、纹理等特征，同样需要把音频信号中具有辨识性的成分提取出来。MFCC 是一种在自动语音识别中使用最广泛的特征，因为涉及声学、信号处理等专业知识，在这里不详细介绍，有兴趣的读者可以阅读论文《语音特征参数 MFCC 的提取及其应用》[10] 进行详细了解。

在本次实验中，使用当前帧加上之前的 9 个帧长和后面的 9 个帧长，每个加载窗口总共包括 19 帧信号。每帧取美尔倒谱系数为 26 位，这样当前帧会提取到 $19 \times 26 = 494$ 个 MFCC 特征参数。如果当前帧之前或之后不够 9 个帧序列时，这时就需要进行补 0 操作，将它凑够 9 个。

至此，语音信号的一帧帧数据就被转换成了 MFCC 特征参数，一条完整的语音数据被存储在一个 MFCC 特征参数（行）和时间（列）的矩阵中。将这个矩阵作为网络模型的输入，并且语音文件是一批一批获取并输入到网络中的，这就要求每一批音频的时序长度必须一致，所以在输入网络中之前，还要对同一批音频做时间对齐处理。

提取完语音数据的特征参数后,其实就跟图像数据差不多了。图像数据输入的是经过卷积神经网络提取后的特征矩阵,序列化语音数据输入的是提取到的 MFCC 特征参数和时间的矩阵。

17.2.3　语音文本输出

接下来就要介绍怎样把这个矩阵变成文本了。

假设一条语音文件有 1000 帧数据,包含不重复的 10 个文字,也就是这段语音的字典长度为 10,那么经过 MFCC 特征提取后,将产生一个 494 行 1000 列的特征矩阵,将这个矩阵作为网络模型的输入,经过前向传播,通过 softmax 层计算每帧数据分类的概率,输出为 1000×11 的预测矩阵,1000 代表的是 1000 帧数据,11 代表这一帧数据在 11 个分类上的各自概率。在这 11 个分类中,其中 10 个代表该条语音文件字典中包含的 10 个文字,剩下的一个代表空白。最后对预测矩阵进行解码,得到正确的语音文本并输出。

那每帧数据分类的概率又是怎样得出来的呢?通常情况下,通过模型库中的参数就可以计算出帧和文字对应的概率,这个概率也就是图 17.2 中所提到的相似度的衡量指标,通过这个指标,可以得到与该帧相似度最高的文字。而获取模型库中那些参数的过程就是我们所说的模型训练过程,即给网络"喂"入大量的语音数据,反复迭代,从而优化网络参数。

17.2.4　双向循环神经网络

全连接神经网络具有局限性,其每层之间的节点是无连接的,样本数据之间互相独立,即前一个输入和后一个输入之间没有关系,网络不具备记忆能力,当需要用到序列之前时刻的信息时,全连接神经网络无法做到。而在有些应用中需要神经网络具有记忆功能,为此 Jordan Elman 等于 20 世纪 80 年代末提出了循环神经网络[11]。

将这类神经网络称为循环神经网络是因为它对一组序列输入重复进行同样的操作,RNN 隐藏层之间的节点是有连接的,且隐藏层是循环的,也就是说,隐藏层的值不仅取决于当前的输入值,还取决于前一时刻隐藏层的值。RNN"记住了"先前的信息并将其应用于计算当前输出,可以做到"联系上文",是一种具有记忆功能的神经网络。

双向循环神经网络(Bidirectional Recurrent Neural Network,BRNN)在 RNN 的基础上进行了改进。在语音识别系统中,一段语音是有时间序列的,说的话前后都有联系,不仅要"联系上文",还要"联系下文",这就是 BRNN 的思想,该网络的结构如图 17.5 所示。

从如图 17.5 所示的结构图中可以看到,BRNN 隐藏层值的计算取决于两个值。A 参与正向计算时,隐藏层的值不仅取决于当前的这次输入 x_i,还取决于上一次隐藏层的值 S_{i-1},A' 参与反向计算时,隐藏层的值不仅取决于当前的这次输入 x_i,还取决于上一次隐藏层的值 S_{i+1}。最终的输出值 y 由 A 和 A' 共同决定。

17.2.5　softmax 分类器

softmax 可以理解为归一化,例如目前图片分类有 10 种,那么经过 softmax 层的输出就是一个十维的向量。向量中的每一个元素都表示一个对应的概率值,即向量中的第一个

```
循环次数: 1119 损失:  15.904974823338645
错误率:  0.030774783
循环次数: 1189 损失:  15.916149659517432
错误率:  0.06439473
循环次数: 1259 损失:  15.890033035429697
错误率:  0.04434569
循环次数: 1329 损失:  15.82179252258817
错误率:  0.07519727
循环次数: 1399 损失:  15.781226529734475
错误率:  0.098075286
循环次数: 1469 损失:  15.74942945785263
错误率:  0.060449284
迭代次数 99/100, 训练损失: 23348.655, 错误率: 0.060, time: 20426.11 sec
Training complete, total duration: 10211.28 min
```

图 17.12 训练结束时的输出

运行 test.py,利用下载好的 test 数据集进行测试,部分测试结果如图 17.13 所示。

```
读入语音文件:  /home/xuan/Desktop/dataset/data_thchs30/test/D4_811.wav
开始识别语音数据......
语音的原始文本 : 运用 这种 仪器 新华医院 又 抢救 了 两 例 胃癌 和 十二指肠 溃疡 大量 涌 血 病人 均 获得 成功
识别出来的文本:  运用 这种 仪器 新华医院 又 抢救 了 两 例 胃癌 和 十二指肠 溃疡 大量 涌 血 病人 均 获得 成功
读入语音文件:  /home/xuan/Desktop/dataset/data_thchs30/test/D32_945.wav
开始识别语音数据......
语音的原始文本 : 此外 鲨鱼 鱼 龙和 海豚 尽管 外貌 上 很相似 都 善长 游泳 有人 把 它们 归属 鱼类
识别出来的文本:  此外 鲨鱼 鱼 龙和 海豚 尽管 外貌 上 很相似 都 善长 游泳 有人 把 它们 归属 鱼类
读入语音文件:  /home/xuan/Desktop/dataset/data_thchs30/test/D6_928.wav
开始识别语音数据......
语音的原始文本 : 这 架 飞机 是 从 日内瓦 飞往 伊 瓦 格 的 飞机 在 将要 到达 伊 瓦 格 时 撞 在 安 弟 斯 山上
识别出来的文本:  这 架 飞机 是 从 日内瓦 飞往 伊 瓦 格 的 飞机 在 将要 到达 伊 瓦 格 时 撞 在 安 弟 斯 山上
读入语音文件:  /home/xuan/Desktop/dataset/data_thchs30/test/D13_999.wav
开始识别语音数据......
语音的原始文本 : 国务委员 兼 国务院 秘书长 罗干 民政部 部长 多吉 才 让 也 一同 前往 延安 看望 人民群众
识别出来的文本:  国务委员 兼 国务院 秘书长 罗干 民政部 部长 因吉 才 岳树 的 来情 千 同到 远 往 延安 看望 民群众
```

图 17.13 部分测试结果

17.4 总结与展望

本次实验所用语音数据是在安静的办公室环境下录制的,所以没有涉及噪声处理。而在真实情况下,语音识别系统是在有噪声的环境下使用的,有效抑制语音信号中的噪声能大大提高识别准确率。

声学模型和语言模型是语音识别系统中最为关键的一部分,本次实验基于全连接神经网络和双向循环神经网络相结合进行声学建模,但并未加入语言模型的相关处理,在这里简单介绍一下。语言模型能够估计某一词序列为自然语言的概率,也就是说,这一串词有多"像话"。用一个性能良好的语音模型进行估计,正确句子出现的概率应当相对较高,而对于语法、结构不合理的句子,出现的概率应当接近于零[13]。

RNN 相关网络对序列化的语音数据来说是一种强大的模型[14],但有一个很大的缺点就是在语料库上容易出现过拟合现象[15],经过科研工作者的不断改进,语音识别现在已经是注意力机制(Attention Mechanism)相关算法的天下了,而谷歌一直站在语音识别相关技术的最前沿。在 ICASSP 2018 国际顶级学术会议期间,谷歌公司使用基于注意力机制的 Seq2Seq 语音识别模型,在英语语音的识别任务上,取得了优于其他语音识别模型的性能表现。用到的模型在论文 *State-Of-The-Art Speech Recognition With Sequence-To-Sequence Models* 中进行了详细介绍[16]。该端到端(End-to-End)的语音识别系统将单词识别错误率降低到了 5.6%,比已商用的传统系统提升了 16%,而且大小为传统模型的 1/18。

　　随着对语音识别相关技术的深入研究,目前先进的语音识别系统不再局限于识别出语音的文字内容,而且可以在多人对话中准确识别出具体是哪个人正在讲话。谷歌在 Interspeech 2019 全球语音顶级学术会议上展示了一种基于 RNN-T 的说话人识别系统,该系统将多人语音分类识别的错误率从之前的 20% 降到了 2%,性能提高了 10 倍,用到的方法在 *Joint Speech Recognition and Speaker Diarization via Sequence Transduction* 中进行了详细介绍[17]。

参考文献

[1] 孙冰. 基于覆盖型神经网络集成的语音识别研究[D]. 南京：南京工业大学,2006.

[2] O. A. Hamid,A. R. Mohamed,H. Jiang,et al. Convolutional neural networks for speech recognition[J]. IEEE/ACM Transactions on Audio,Speech,and Language Processing,2014,22(10)：1533-1545.

[3] R. P. Lippmann. Review of neural networks for speech recognition[J]. Neural Computation,1989,1(1)：1-38.

[4] 禹琳琳. 语音识别技术及应用综述[J]. 现代电子技术,2013,36(13)：43-45.

[5] Y. Qian,M. Bi,T. Tian,et al. Very deep convolutional neural networks for noise robust speech recognition[J]. IEEE/ACM Transactions on Audio Speech & Language Processing,24 (12)：2263-2276.

[6] 侯一民,周慧琼,王政一. 深度学习在语音识别中的研究进展综述[J]. 计算机应用研究,2017,34(8)：2241-2246.

[7] 何湘智. 语音识别的研究与发展[J]. 计算机与现代化,2002(3)：3-6.

[8] 鲁泽茹. 连续语音识别系统的研究与实现[D]. 杭州：浙江工业大学,2016.

[9] G. Hinton,L. Deng,D. Yu,et al. Deep neural networks for acoustic modeling in speech recognition：The Shared Views of Four Research Groups[J]. IEEE Signal Processing Magazine,2012,29(6)：82-97.

[10] 陈勇,屈志毅,刘莹,等. 语音特征参数 MFCC 的提取及其应用[J]. 湖南农业大学学报(自然科学版),2009,35(S1)：106-107.

[11] 夏瑜潞. 循环神经网络的发展综述[J]. 电脑知识与技术,2019(21).

[12] 郑伟民,叶承晋,张曼颖,等. 基于 Softmax 概率分类器的数据驱动空间负荷预测[J]. 电力系统自动化,2019,43(9)：150-160.

[13] 徐昊,易绵竹. 神经网络语言模型的结构与技术研究评述[J]. 现代计算机,2019,(19)：18-23.

[14] A. Graves,A. R. Mohamed,G. Hinton,et al. Speech recognition with deep recurrent neural networks[C]//Proceedings of the International Conference on Acoustics,Speech,and Signal Processing,2013,6645-6649.

[15] D. Bahdanau,J. Chorowski,D. Serdyuk,et al. End-to-end attention-based large vocabulary speech recognition[C]//Proceedings of the International Conference on Acoustics,Speech,and Signal Processing,2016,4945-4949.

[16] C. Chiu,T. N. Sainath,Y. Wu,et al. State-of-the-art speech recognition with sequence-to-sequence models[C]//Proceedings of the International Conference on Acoustics,Speech,and Signal Processing,2018,4774-4778.

[17] L. E. Shafey,Soltau H,Shafran I. Joint Speech recognition and speaker diarization via sequence transduction[J/OL]. arXiv：1907.05337,2019.

图节点分类

近年来，利用机器学习开展对图的研究受到越来越多的关注。图是一种独特的非欧几里得数据结构，用于对一组对象（节点）及其关系（边）进行建模，具有强大的表达能力，可以应用于社会科学（社会网络）、自然科学（物理系统）、知识图谱以及其他研究领域。图神经网络（Graph Neural Network，GNN）是一种基于深度学习的应用于图域的方法，由于其较好的性能和可解释性，已成为应用广泛的图分析方法。然而，实际应用中往往面临"标记数据少，未标记数据多"的问题，通过人工标记数据耗时耗力，显然已不适用于如今的大数据时代。为此，如何充分挖掘和融合关键的图结构信息，更有效地实现图节点的半监督分类具有较强的现实意义。

18.1 背景介绍

不同于结构规则的欧氏数据，图数据的结构更复杂，蕴含着丰富的信息，图数据的研究是学术界的一个热点问题。图数据广泛地存在于我们的生活中，用于表示复合对象元素之间的复杂关系，例如，社交网络、引文网络、生物化学网络、交通网络等。图 18.1 给出了公司运营的网络结构示意图。

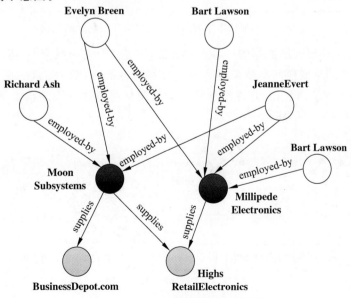

图 18.1 公司运营的网络结构示意

　　本实验主要关注图节点分类的问题,如图 18.2 所示,给定一个图,节点分类的目标是学习节点和对应类别标签的映射关系,并预测未知节点的类别标签。节点分类是一个重要的图数据挖掘任务,可以应用在很多领域。随着深度学习在图像、文本等领域的成功应用,研究人员开始关注用深度学习建模图数据,基于深度学习的图数据建模方法也逐渐被应用于节点分类问题。

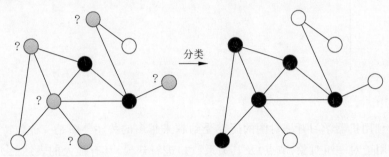

图 18.2　节点分类任务

　　图神经网络与一般机器学习场景有很大的区别,一般的机器学习假设数据之间独立同分布,但是在图网络的场景下,样本是有关联的,预测样本和训练样本通常会存在边的关系,如图 18.3 所示。

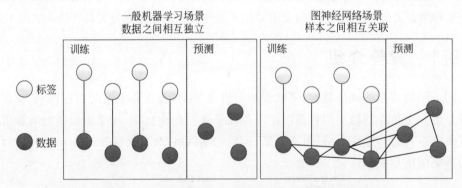

图 18.3　一般机器学习与图神经网络应用场景的区别

　　图谱分解技术是研究图数据的一种重要方法,该方法通过频域变换,将图变换至频域进行处理,再将处理结果变换回空域来得到图上节点的表示,如图 18.4(a) 所示。近年来,空域卷积借鉴了图像的 2D 卷积,并逐渐取代了频域图学习方法。图结构上的卷积是对节点邻居的聚合,如图 18.4(b) 所示。

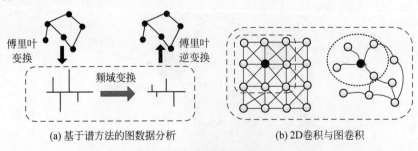

(a) 基于谱方法的图数据分析　　　　(b) 2D卷积与图卷积

图 18.4　图谱分解与图卷积

图卷积神经网络(Graph Convolutional Neural Network,GCN)作为一种学习图结构数据的神经网络,其原理是节点在每个卷积层中聚合来自其拓扑邻居的特征信息,如图 18.5 所示。其中,特征信息通过网络拓扑结构传播到邻居节点表示中,然后通过学习所有节点的嵌入表示,用于下游的分类等任务,该学习过程是由部分节点标签来监督的。

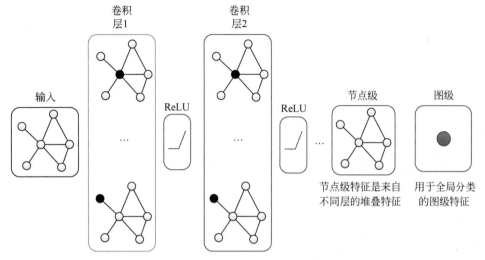

图 18.5 图卷积神经网络框架

现有的大部分 GCN 方法自适应地融合拓扑结构和节点特征的能力有限,以至于性能甚至低于只利用拓扑信息或是特征信息的多层感知器。因此,本实验尝试提升 GCN 融合这两种信息的性能。为了充分利用特征空间中的信息,将节点特征生成的 k 近邻(kNN)图作为特征结构图,通过特征图和拓扑图,在拓扑空间和特征空间上传播节点特征,从而在这两个空间中通过两个特定的图卷积模块提取出两个特定的嵌入(embedding)。考虑到两个空间之间的共同特性,设计了一个带有参数共享策略的公共图卷积模块来提取它们共享的公共嵌入。进一步利用注意力机制自动学习上述 3 种不同嵌入的重要性权重,从而自适应地将这些信息融合。在这个过程中,节点标签能够监督学习过程,自适应地调整权重,提取最相关的信息。此外,该模型设计了一致性和视差约束损失,以确保学习嵌入的一致性和视差平衡。

18.2 算法原理

本实验借鉴了 Wang 等[1] 发表的论文 AM-GCN:*Adaptive Multi-channel Graph Convolutional Networks*,该论文提出了一种用于半监督分类的自适应多通道图卷积网络(AM-GCN),其核心思想在于同时从节点特征、拓扑结构及其组合中提取特定和常见的嵌入,并使用注意力机制来学习嵌入的自适应权重。

18.2.1 整体框架

本实验的整体框架如图 18.6 所示。AM-GCN 由两个特定卷积模块、一个通用模块和一个注意力模块构成。其核心思想是:AM-GCN 允许节点特征不仅在拓扑空间中传播,而且允许在特征空间中传播，同时从这两个空间中提取与节点标签最相关的信息。为此，模型构建了基于节点特征 $\boldsymbol{X}$ 的特征图，通过两个特定的卷积模块，节点特征 $\boldsymbol{X}$ 能够在特征图和拓扑图上传播，以分别学习两个特定的嵌入 $\boldsymbol{Z}_F$ 和 $\boldsymbol{Z}_T$。由于这两个空间中的信息具有共同特征，模型设计了具有参数共享策略的通用卷积模块来学习嵌入向量 $\boldsymbol{Z}_{CF}$ 和 $\boldsymbol{Z}_{CT}$，并采用一致性约束 L_C 来增强 $\boldsymbol{Z}_{CF}$ 和 $\boldsymbol{Z}_{CT}$ 的"共同"特性。此外，差异性约束 L_D 是为了确保 $\boldsymbol{Z}_F$ 和 $\boldsymbol{Z}_{CF}$、$\boldsymbol{Z}_T$ 和 $\boldsymbol{Z}_{CT}$ 之间的独立性。考虑到节点标签可能与拓扑或特征相关，也可能与两者都有关，AM-GCN 利用注意机制自适应地将这些嵌入与学习到的权重融合，从而提取出最相关的信息 $\boldsymbol{Z}$，用于最终的分类任务。

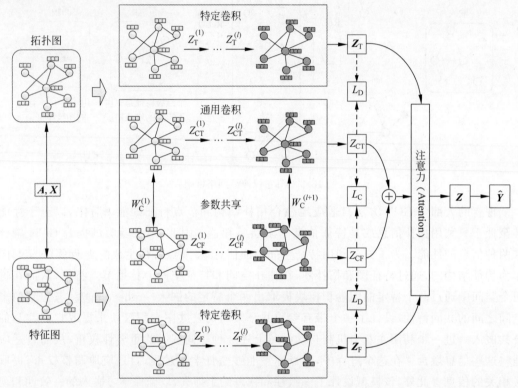

图 18.6　实验整体框架

18.2.2　特定卷积模块

如图 18.7 给出了两种不同的特定卷积结构，捕获过程是基于节点的特征矩阵 $\boldsymbol{X}$ 建立 kNN 图 $G_F = (\boldsymbol{A}_F, \boldsymbol{X})$，这里 $\boldsymbol{A}_F$ 表示 kNN 图的邻接矩阵。

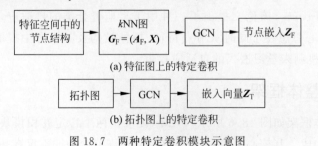

图 18.7　两种特定卷积模块示意图

本实验从特征空间和拓扑空间两个角度进行图的构建,然后再利用特定卷积模块生成特定的嵌入。

1. 特征图上的特定卷积模块

首先计算 n 个节点的相似矩阵 $\mathbf{S} \in \mathbf{R}^{n \times n}$。本实验采用两种方法获得如式(18-1)和式(18-2)所示的相似矩阵,其中节点 i 和节点 j 的特征向量为 $\mathbf{X}_i$ 和 $\mathbf{X}_j$。

(1) 余弦相似性

$$S_{ij} = \frac{\mathbf{X}_i \cdot \mathbf{X}_j}{|\mathbf{X}_i||\mathbf{X}_j|} \tag{18-1}$$

(2) 设置热传导方程中的时间参数 $t = 2$,

$$S_{ij} = \mathrm{e}^{-\frac{\|\mathbf{x}_i - \mathbf{x}_j\|^2}{t}} \tag{18-2}$$

将对应节点的 k 个最相似的节点进行边连接,从而得到特征空间下的邻接矩阵 $\mathbf{A}_{\mathrm{F}}$,再结合多层 GCN 的前向传播公式得到特征空间下的特定节点嵌入,如式(18-3)所示,令特征空间的输入图为 $(\mathbf{A}_{\mathrm{F}}, \mathbf{X})$,第 l 层的输出可以表示为

$$\mathbf{Z}_{\mathrm{F}}^{(l)} = \mathrm{ReLU}(\widetilde{\boldsymbol{D}_{\mathrm{F}}}^{-\frac{1}{2}} \widetilde{\boldsymbol{A}_{\mathrm{F}}}) \widetilde{\boldsymbol{D}_{\mathrm{F}}}^{-\frac{1}{2}} \mathbf{Z}_{\mathrm{F}}^{(l-1)} \mathbf{W}_{\mathrm{F}}^l \tag{18-3}$$

其中,$\mathbf{W}^l$ 是 GCN 的第 l 层的权重矩阵;ReLU 是激活函数,可以初始化 $\mathbf{Z}_{\mathrm{F}}^{(0)} = \mathbf{X}$,$\widetilde{\mathbf{A}_{\mathrm{F}}} = \mathbf{A}_{\mathrm{F}} + \mathbf{I}_{\mathrm{F}}$;$\widetilde{\boldsymbol{D}_{\mathrm{F}}}$ 是 $\widetilde{\mathbf{A}_{\mathrm{F}}}$ 的对角矩阵。用特定的卷积模块在特征空间中提取的最后一层特定输出嵌入为 $\mathbf{Z}_{\mathrm{F}}$。

2. 拓扑图上的特定卷积模块

根据实际物理信息构建的拓扑图,得到拓扑空间下的邻接矩阵 $\mathbf{A}_{\mathrm{T}}$。令初始的输入图为 $\mathbf{G}_{\mathrm{T}} = (\mathbf{A}_{\mathrm{T}}, \mathbf{X}_{\mathrm{T}})$,其中,$\mathbf{A}_{\mathrm{T}} = \mathbf{A}$,$\mathbf{X}_{\mathrm{T}} = \mathbf{X}$,计算方法与特征空间中相同。用特定的卷积模块在拓扑空间提取的最后一层特定嵌入为 $\mathbf{Z}_{\mathrm{T}}$。

18.2.3　通用卷积模块

实际上,特征空间和拓扑空间并不是完全不相关的。节点分类任务应当与特征空间、拓扑空间或两者中的信息相关联,因此不仅需要提取这两个空间中的节点特定嵌入,还需要提取这两个空间共享的公共信息。为了解决这个问题,模型设计了一个具有参数共享策略的通用卷积模块,用于提取两个空间共享的共同嵌入。

首先从特征空间和拓扑空间进行图的建模,然后再结合多层 GCN 的前向传播公式得到这两个空间中的节点特定嵌入,最后提取这两个空间共享的公共信息。

1. 特征图的通用卷积模块

用通用卷积模块从特征图 $(\mathbf{A}_{\mathrm{T}}, \mathbf{X})$ 抓取节点嵌入 $\mathbf{Z}_{\mathrm{CF}}^{(l)}$:

$$\mathbf{Z}_{\mathrm{CF}}^{(l)} = \mathrm{ReLU}(\widetilde{\boldsymbol{D}_{\mathrm{F}}}^{-\frac{1}{2}} \widetilde{\boldsymbol{A}_{\mathrm{F}}} \widetilde{\boldsymbol{D}_{\mathrm{F}}}^{-\frac{1}{2}} \mathbf{Z}_{\mathrm{CF}}^{(l-1)} \mathbf{W}_{\mathrm{C}}^{(l)}) \tag{18-4}$$

其中,这两个节点嵌入共用一个权重矩阵 $\mathbf{W}_{\mathrm{C}}^{(l)}$。

2. 拓扑图的公共卷积模块

用通用卷积模块从拓扑图 $(\mathbf{A}_{\mathrm{T}}, \mathbf{X})$ 抓取节点嵌入 $\mathbf{Z}_{\mathrm{CT}}^{(l)}$:

$$\mathbf{Z}_{\mathrm{CT}}^{(l)} = \mathrm{ReLU}(\widetilde{\boldsymbol{D}_{\mathrm{T}}}^{-\frac{1}{2}} \widetilde{\boldsymbol{A}_{\mathrm{T}}} \widetilde{\boldsymbol{D}_{\mathrm{T}}}^{-\frac{1}{2}} \mathbf{Z}_{\mathrm{CT}}^{(l-1)} \mathbf{W}_{\mathrm{C}}^{(l)}) \tag{18-5}$$

其中,$\mathbf{W}_{\mathrm{C}}^{(l)}$ 表示通用卷积模块的第 l 层的权重矩阵,$\mathbf{Z}_{\mathrm{CT}}^{(l-1)}$ 是第 $l-1$ 层的节点嵌入,$\mathbf{Z}_{\mathrm{CT}}^{(0)} = X$。

3. 两个空间的公共嵌入

两个空间的公共嵌入为

$$\boldsymbol{Z}_{\mathrm{C}} = (\boldsymbol{Z}_{\mathrm{CT}} + \boldsymbol{Z}_{\mathrm{CF}})/2 \tag{18-6}$$

其中，$\boldsymbol{Z}_{\mathrm{CF}}$ 和 $\boldsymbol{Z}_{\mathrm{CT}}$ 分别是不同图输入的最终输出嵌入。

18.2.4 注意力机制

模型有两个特定的嵌入 $\boldsymbol{Z}_{\mathrm{F}}$、$\boldsymbol{Z}_{\mathrm{T}}$ 以及公共的嵌入 $\boldsymbol{Z}_{\mathrm{C}}$，考虑到节点标签可能与它们中的一个或者多个相关，利用注意力机制学习它们对应的重要性

$$(\boldsymbol{\alpha}_{\mathrm{t}}, \boldsymbol{\alpha}_{\mathrm{c}}, \boldsymbol{\alpha}_{\mathrm{f}}) = \mathrm{att}(\boldsymbol{Z}_{\mathrm{T}}, \boldsymbol{Z}_{\mathrm{C}}, \boldsymbol{Z}_{\mathrm{F}}) \tag{18-7}$$

其中，$\boldsymbol{\alpha}_{\mathrm{t}}, \boldsymbol{\alpha}_{\mathrm{c}}, \boldsymbol{\alpha}_{\mathrm{f}} \in \mathbf{R}^{n \times 1}$ 分别是 $\boldsymbol{Z}_{\mathrm{T}}, \boldsymbol{Z}_{\mathrm{C}}, \boldsymbol{Z}_{\mathrm{F}}$ 的 n 个节点的注意值。对于节点 i，它在 $\boldsymbol{Z}_{\mathrm{T}}$ 的嵌入式 $\boldsymbol{Z}_{\mathrm{T}}^{i} \in \mathbf{R}^{1 \times h}$（$\boldsymbol{Z}_{\mathrm{T}}$ 的第 i 行）。

（1）通过一个非线性变换将嵌入进行变换，再利用一个共享的注意力向量 $\boldsymbol{q} \in \mathbf{R}^{h' \times 1}$ 得到注意力值 $\boldsymbol{W}_{\mathrm{T}}^{i}$，

$$\boldsymbol{W}_{\mathrm{T}}^{i} = \boldsymbol{q}^{\mathrm{T}} \cdot \tanh(\boldsymbol{W} \cdot (\boldsymbol{z}_{\mathrm{T}}^{i})^{\mathrm{T}} + b) \tag{18-8}$$

其中，$\boldsymbol{W} \in \mathbf{R}^{h' \times h}$ 是权重矩阵，$b \in \mathbf{R}^{h' \times 1}$ 是偏置向量。同理，可得到注意力值 $\boldsymbol{W}_{\mathrm{C}}^{i}$、$\boldsymbol{W}_{\mathrm{F}}^{i}$，如图 18.8 所示。

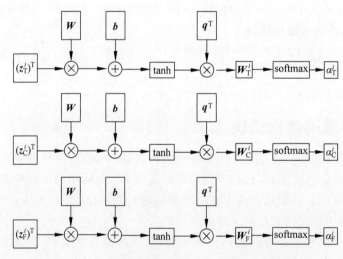

图 18.8 注意力机制模型的 α_{T}^{i}、α_{C}^{i}、α_{F}^{i} 的学习过程

（2）使用 softmax 函数对注意力值归一化，

$$\alpha_{\mathrm{T}}^{i} = \mathrm{softmax}(\boldsymbol{W}_{\mathrm{T}}^{i}) = \frac{\exp(\boldsymbol{W}_{\mathrm{T}}^{i})}{\exp(\boldsymbol{W}_{\mathrm{T}}^{i}) + \exp(\boldsymbol{W}_{\mathrm{C}}^{i}) + \exp(\boldsymbol{W}_{\mathrm{F}}^{i})} \tag{18-9}$$

其中，α_{T}^{i} 值越大对应的嵌入则更重要，α_{C}^{i}、α_{F}^{i} 同理。对所有的 n 个节点，有学习权重 $\boldsymbol{\alpha}_{\mathrm{t}} = [\alpha_{\mathrm{T}}^{i}] \in \mathbf{R}^{n \times 1}$，$\boldsymbol{\alpha}_{\mathrm{c}} = [\alpha_{\mathrm{C}}^{i}] \in \mathbf{R}^{n \times 1}$，$\boldsymbol{\alpha}_{\mathrm{f}} = [\alpha_{\mathrm{F}}^{i}] \in \mathbf{R}^{n \times 1}$，$\alpha_{\mathrm{T}} = \mathrm{diag}(\boldsymbol{\alpha}_{\mathrm{t}})$，$\alpha_{\mathrm{C}} = \mathrm{diag}(\boldsymbol{\alpha}_{\mathrm{t}})$，$\alpha_{\mathrm{F}} = \mathrm{diag}(\boldsymbol{\alpha}_{\mathrm{f}})$。

（3）结合这 3 种嵌入得到最终的嵌入 $\boldsymbol{Z}$，

$$\boldsymbol{Z} = \alpha_{\mathrm{T}} \cdot \boldsymbol{Z}_{\mathrm{T}} + \alpha_{\mathrm{C}} \cdot \boldsymbol{Z}_{\mathrm{C}} + \alpha_{\mathrm{F}} \cdot \boldsymbol{Z}_{\mathrm{F}} \tag{18-10}$$

其中，模型利用注意机制来自动学习不同嵌入的重要性权重 α_{T}、α_{C}、α_{F}，这样，节点标签能够监督学习过程，以便于自适应地调整权重以提取最相关的信息。

18.2.5　损失函数

对于通过公共卷积模块得到的两个输出嵌入 $\mathbf{Z}_{\mathrm{CF}}$ 和 $\mathbf{Z}_{\mathrm{CT}}$,设计了一致性约束进一步增强其共同性。

1. 一致性约束

如果 $\mathbf{Z}_{\mathrm{CFnor}}$ 和 $\mathbf{Z}_{\mathrm{CTnor}}$ 是对嵌入矩阵 $\mathbf{Z}_{\mathrm{CF}}$ 和 $\mathbf{Z}_{\mathrm{CT}}$ 的标准化,利用 L_2 正则化 $\mathbf{Z}_{\mathrm{CFnor}}$ 和 $\mathbf{Z}_{\mathrm{CTnor}}$,然后用这两个标准化矩阵获取 n 个节点的相似性 $\mathbf{S}_{\mathrm{F}}$ 和 $\mathbf{S}_{\mathrm{T}}$,从而产生以下约束:

$$L_{\mathrm{C}} = \| \mathbf{S}_{\mathrm{T}} - \mathbf{S}_{\mathrm{F}} \|_{\mathrm{F}}^{2} \tag{18-11}$$

其中,

$$\mathbf{S}_{\mathrm{T}} = \mathbf{Z}_{\mathrm{CTnor}} \cdot \mathbf{Z}_{\mathrm{CTnor}}^{\mathrm{T}}, \quad \mathbf{S}_{\mathrm{F}} = \mathbf{Z}_{\mathrm{CFnor}} \cdot \mathbf{Z}_{\mathrm{CFnor}}^{\mathrm{T}}$$

2. 差异性约束

由于 $\mathbf{Z}_{\mathrm{T}}$ 和 $\mathbf{Z}_{\mathrm{CT}}$ 都是来自相同的拓扑图 $\mathbf{G}_{\mathrm{T}} = (\mathbf{A}_{\mathrm{T}}, \mathbf{X}_{\mathrm{T}})$,为了确保捕捉差异性信息,利用希尔伯特-施密特独立性准则(Hibert-Schmidt Independence Criterion,HSIC)。HSIC 是一种简单但有效的独立性度量措施,来增强这两种嵌入的差异。

$$L_{\mathrm{D}} = \mathrm{HSIC}(\mathbf{Z}_{\mathrm{T}}, \mathbf{Z}_{\mathrm{CT}}) + \mathrm{HSIC}(\mathbf{Z}_{\mathrm{F}}, \mathbf{Z}_{\mathrm{CF}}) \tag{18-12}$$

3. 目标函数

结合节点分类任务和约束条件,有如下总体目标函数:

$$L = L_{\mathrm{T}} + \gamma L_{\mathrm{C}} + \beta L_{\mathrm{D}} \tag{18-13}$$

其中,$L_{\mathrm{T}} = -\sum\limits_{l \in L} \sum\limits_{i=1}^{C} Y_{li} \ln \hat{Y}_{li}$ 是训练集的节点分类交叉熵函数,γ 和 β 是一致性和差异性约束项的参数,在标签数据的引导下,可以通过反向传播来优化模型,并学习节点的嵌入来进行分类。

18.3　实验操作

18.3.1　代码介绍

本实验所需要的环境配置如表 18.1 所示。

表 18.1　实验环境配置

条　　件	环　　境
操作系统	CentOS Linux release 7.6.1810
开发语言	Python 3.7
深度学习框架	Pytorch 1.1.0
相关库	Numpy 1.16.2 SciPy 1.3.1 NetworkX 2.4 scikit-learn 0.21.3

实验项目文件下载地址可扫描书中提供的二维码获取。代码文件目录结构如下:

```
AM－GCN－master ------------------------------------------------------ 根目录
AMGCN
```

```
├── case_study
│       └──Case1.py──────────────────────生成由 900 个节点组成的随机网络一
│       └──Case2.py──────────────────────生成由 900 个节点组成的随机网络二
├── config.py─────────────────────────────参数读取
├── dataprocess.py────────────────────────数据处理过程
├── layers.py─────────────────────────────定义图卷积
├── main.py───────────────────────────────该代码的主要操作部分
├── models.py─────────────────────────────模型列表
├── utils.py──────────────────────────────数据处理
├── data─────────────────────────────────存放数据集文件的目录
├── README.md────────────────────────────说明文件
```

18.3.2 数据集介绍

本实验在 6 个数据集上进行评估,使用了 Citeseer、UAI2010、ACM、BlogCatalog、Flickr、CoraFull(下载地址分别扫描书中提供的二维码获得)。Citeseer[2]是一个研究论文的引文网络,节点为出版物,边为引文链接,节点属性是论文的词袋,论文被分为 6 类:Agents、人工智能(AI)、数据库(DB)、信息检索(IR)、机器语言(ML)和 HCI。UAI2010[3]是有 3067 个节点和 28 311 个边的数据集,可用于社区检测。ACM[4]数据集的节点代表论文,两者之间有边的条件是两篇论文有共同的作者,论文特征是关键词的词袋,选取了在KDD、SIGMOD、SIGCOMM、MobiCOMM 上发表的论文,按研究领域被分为 3 类:数据库、无线通信和数据挖掘。BlogCatalog[5]数据集的节点数为 10 312,边条数为 333 983,数据集包含两个文件:Nodes. csv 和 Edges. csv。其中,Nodes. csv 是以字典的形式存储用户的信息,但是只包含节点 ID;Edges. csv 存储博主的社交网络,以此来构成图。Flickr[5]是用户分享图像和视频的社交网络,节点代表用户,边代表他们的关系,所有的节点根据用户的兴趣组分为 9 类。CoraFull[6]数据集是放大版的 Cora 数据集,包括 19 793 个节点,每个节点以 8710 维表示,并含有 63 421 条边,包含 70 个类别。

18.3.3 实验操作与结果

下载代码文件和数据集并分别解压,解压之后放到 data 文件夹下。运行 main. py 文件就可以训练模型,需要传入的相关参数如表 18.2 所示。更改 config 文件夹下的 20coraml. ini 的参数配置,表 18.3 对其中的主要参数进行了介绍,详细步骤请查看程序文件夹中的README. md。

表 18.2　运行 main. py 所需参数说明

参　　量	路　　径	形状	说明
config. feature_path	…/data/coraml/coraml. feature	(2708,1433)	特征向量
config. label_path	…/data/coraml/coraml. label	(2708,)	标签
config. test_path	…/data/coraml/test20. txt	(1000,)	测试集
config. train_path	…/data/coraml/train20. txt	(120,)	训练集

表 18.3　参数说明

参 数 名 称	参 数 说 明
dataset	数据集文件名称
labelrate	每一类样本中取带标签的个数
epochs	训练的迭代次数
lr	模型的学习率
class_num	类别个数
structgraph_path	结构图存放路径
featuregraph_path	特征图存放路径
feature_path	特征的存放路径
label_path	数据标签存放路径
test_path	数据的测试集存放路径
train_path	数据的训练集存放路径

以上下载的数据集的目录构成相似,以 CoraFull 数据集为例,主要包括 coraml.
feature、coraml.label、test20.txt 和 train20.txt 等文件,这些文件打开后的内容情况如
图 18.9 所示。

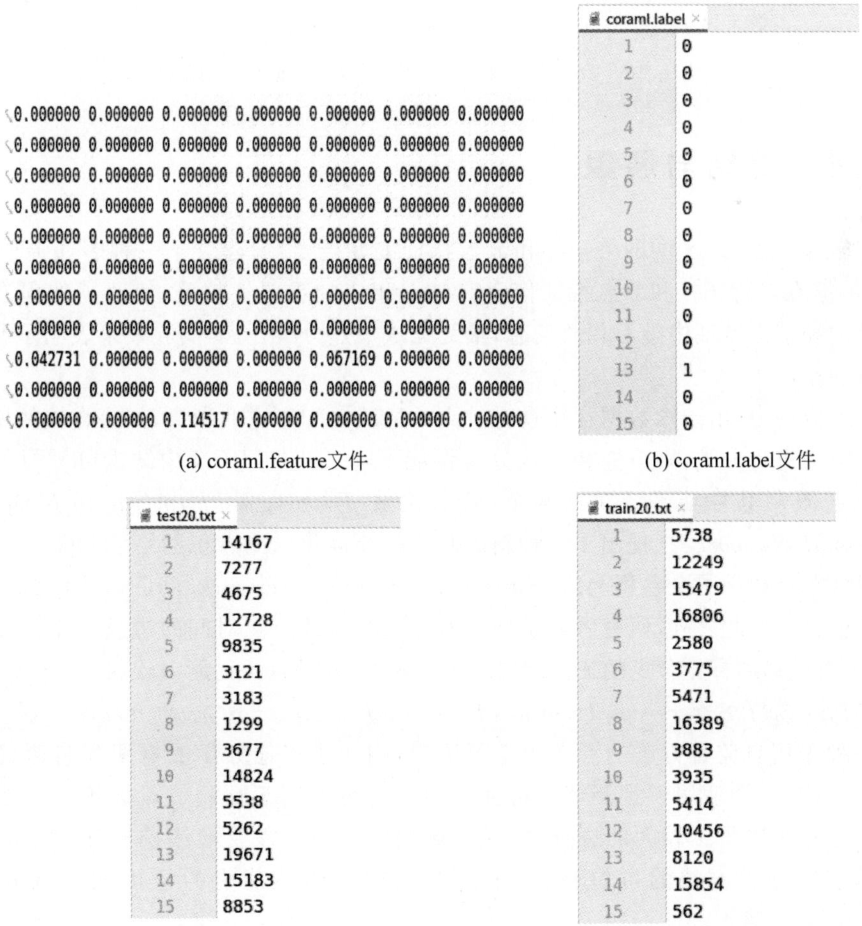

(a) coraml.feature文件　　(b) coraml.label文件

(c) test20.txt文件　　(d) train20.txt文件

图 18.9　CoraFull 数据集主要文件构成

以 CoraFull 数据集为例,利用下载好的数据集训练模型,通过以下方式运行 main.py,训练过程中部分输出结果如图 18.10 所示。

```
$ conda actiate base
$ python main.py - d cora - l 20
```

```
e:0 ltr: 1.7926 atr: 0.1417 ate: 0.3150 f1te:0.2039
e:1 ltr: 1.7800 atr: 0.3250 ate: 0.4160 f1te:0.3057
e:2 ltr: 1.7689 atr: 0.5417 ate: 0.5150 f1te:0.4202
e:3 ltr: 1.7570 atr: 0.7167 ate: 0.5910 f1te:0.5105
e:4 ltr: 1.7446 atr: 0.8333 ate: 0.6530 f1te:0.5831
e:5 ltr: 1.7338 atr: 0.8500 ate: 0.6830 f1te:0.6237
e:6 ltr: 1.7206 atr: 0.8667 ate: 0.7050 f1te:0.6533
e:7 ltr: 1.7093 atr: 0.8917 ate: 0.7150 f1te:0.6672
e:8 ltr: 1.6959 atr: 0.9083 ate: 0.7240 f1te:0.6816
e:9 ltr: 1.6841 atr: 0.8917 ate: 0.7270 f1te:0.6882
```

(a) 训练开始时的输出结果

```
e:240 ltr: 0.0307 atr: 1.0000 ate: 0.6860 f1te:0.6597
e:241 ltr: 0.0328 atr: 1.0000 ate: 0.6840 f1te:0.6543
e:242 ltr: 0.0318 atr: 1.0000 ate: 0.6830 f1te:0.6535
e:243 ltr: 0.0325 atr: 1.0000 ate: 0.6830 f1te:0.6535
e:244 ltr: 0.0302 atr: 1.0000 ate: 0.6830 f1te:0.6535
e:245 ltr: 0.0322 atr: 1.0000 ate: 0.6870 f1te:0.6580
e:246 ltr: 0.0339 atr: 1.0000 ate: 0.6890 f1te:0.6608
e:247 ltr: 0.0313 atr: 1.0000 ate: 0.6880 f1te:0.6605
e:248 ltr: 0.0333 atr: 1.0000 ate: 0.6850 f1te:0.6591
e:249 ltr: 0.0316 atr: 1.0000 ate: 0.6850 f1te:0.6591
epoch:11 acc_max: 0.7370 f1_max: 0.6978
```

(b) 训练结束时的输出结果

图 18.10　CoraFull 数据集训练过程中的部分输出结果

18.4　总结与展望

本实验探索了 GCN 的网络拓扑和节点特征的融合机制,建立了一种多通道模型 AM-GCN,它能够在融合拓扑和节点特征信息时学习相应的重要性权重,实践了如何自适应地从拓扑结构和节点特征中学习相关信息,最终完成节点分类任务,实验效果表明了所实现算法的有效性。

在实际应用中,由于图数据往往具有较高的稀疏性和一定的噪声,如果直接使用给定的网络拓扑结构进行分类,则可能会导致分类性能下降。此外,GCN 中缺少可学习的滤波器(频域)也会限制其性能。针对这两个问题,论文 *Topology Optimization based Graph Convolutional Network* [7] 提出了一种新的基于拓扑优化的图卷积网络(TOGCN),通过联合细化网络拓扑和学习全卷积网络(Fully Convolutional Networks,FCN)的参数来充分利用潜在的信息。除此之外,研究者们发现远离标记节点的节点对间的边没有得到充分的监督,这导致对于远离标记节点的拓扑结构的学习并不理想,且泛化能力较弱。针对这一问题,论文 *SLAPS: Self-Supervision Improves Structure Learning for Graph Neural Networks* [8] 提出了一种采用自监督方法的潜在图学习架构,构建了多任务学习框架和自监督任务模型,该方法认为一个适用于预测节点特征的图结构也可用于预测节点标签。虽然节点分类问题在近年来取得了较大的进步,但该领域仍然有很多需要继续挖掘和探索的研究方向,例如,节点分类方法的可解释性、节点分类模型表达能力的评价和节点分类新技术等。

参考文献

［1］ Wang X，Zhu M，Bo D，et al. AM-GCN：adaptive multi-channel graph convolutional networks[C]// Proceedings of the ACM SIGKDD Conference on Knowledge Discovery and Data Mining，2020.

［2］ Kipf T N，Welling M. Semi-supervised classification with graph convolutional networks [C]// Proceedings of the International Conference on Learning Representations，2017.

［3］ Wang W，Liu X，Jiao P，et al. A unified weakly supervised framework for community detection and semantic matching[C]//Proceedings of the Pacific-Asia Conference on Knowledge Discovery and Data Mining，2018.

Wang X，Ji H，Shi C，et al. Heterogeneous graph attention network[C]//Proceedings of the World Wide Web Conference，2019.

Meng Z，Liang S，Bao H，et al. Co-embedding attributed networks[C]//Proceedings of the ACM International Conference on Web Search and Data Mining，2019.

Bojchevski A，GAnnemann S. Deep Gaussian embedding of graphs：unsupervised inductive learning via ranking[C]//Proceedings of the International Conference on Learning Representations，2018.

Yang L，Kang Z，Cao X，et al. Topology optimization based graph convolutional network[C]// Proceedings of the International Joint Conference on Artificial Intelligence，2019.

Fatemi B，Asri L E，Kazemi S M. SLAPS：Self-supervision improves structure learning for graph neural networks[C]//Proceedings of Advances in Neural Information Processing Systems，2021.